南疆玉米、小麦高效栽培实用技术

主　编:塔依尔·吐尔提　李鲁华　陈树宾　张　伟
副主编:王俊刚　王海江　邵建荣　潘立忠

气象出版社
China Meteorological Press

图书在版编目（CIP）数据

南疆玉米、小麦高效栽培实用技术 / 塔依尔·吐尔提等主编. -- 北京 : 气象出版社, 2022.8
ISBN 978-7-5029-7743-6

Ⅰ. ①南… Ⅱ. ①塔… Ⅲ. ①玉米—高产栽培—栽培技术②小麦—高产栽培—栽培技术 Ⅳ. ①S513 ②S512.1

中国版本图书馆CIP数据核字(2022)第107019号

南疆玉米、小麦高效栽培实用技术
Nanjiang Yumi Xiaomai Gaoxiao Zaipei Shiyong Jishu

出版发行：气象出版社
地　　址：北京市海淀区中关村南大街 46 号
邮政编码：100081
电　　话：010-68407112(总编室)　010-68408042(发行部)
网　　址：http://www.qxcbs.com　**E-mail**：qxcbs@cma.gov.cn
责任编辑：王元庆
终　　审：吴晓鹏
责任校对：张硕杰
责任技编：赵相宁
封面设计：地大彩印设计中心
印　　刷：北京中石油彩色印制有限责任公司
开　　本：787 mm×1092 mm　1/32
印　　张：5
字　　数：108 千字
版　　次：2022 年 8 月第 1 版
印　　次：2022 年 8 月第 1 次印刷
定　　价：32.00 元

前　言

《南疆玉米、小麦高效栽培实用技术》一书的内容从新疆南疆团场和农村的实际出发，选编了当前团场和农村最需要的粮食作物种植实用新技术，如玉米、小麦等的优质高效栽培技术，以便更好地服务新农村建设、持续巩固拓展脱贫攻坚成果、全面推进乡村振兴战略。本书以提高农民素质、促进农民增收、实现强农富民为目标，推广普及玉米、小麦高效栽培实用技术，提高南疆团场和农村的良种化、科技化、标准化、制度化和组织化水平，为培养一支有文化、懂技术、会经营的新型农民队伍服务，为新农村建设和乡村振兴战略提供智力支持和人才保障，助力农业转型升级。

《南疆玉米、小麦高效栽培实用技术》编写过程中，坚持实际、实用、实效的原则，注重新颖、实用、可操作的特点。书中吸收了项目组成员在南疆玉米、小麦科研方面的最新成果和实用技术，尽量避免难懂的专业理论，力求用通俗的文字，将新技术、新成果展现给广大读者，便于农民掌握和运用。

编者

2022.6

目　　录

前言

第一部分　南疆玉米高效栽培实用技术

第 1 章　玉米栽培技术 …… 3

1.1　玉米主栽品种 …… 3

1.2　春播鲜食甜糯玉米栽培技术 …… 7

1.3　春播籽粒玉米高产栽培技术 …… 16

1.4　核桃林下麦后复播玉米高产栽培技术 …… 21

1.5　南疆麦后复播玉米栽培技术 …… 27

第 2 章　玉米水肥管理技术 …… 33

2.1　玉米的养分需求特点及规律 …… 33

2.2　玉米的施肥技术 …… 37

2.3　玉米的科学灌溉 …… 44

2.4　玉米的节水灌溉 …… 47

2.5　施肥注意事项 …… 48

第 3 章　玉米有害生物及其防治技术 …… 50

3.1　玉米病害 …… 50

3.2 玉米虫害…… 61
3.3 玉米田杂草…… 71

第二部分 南疆小麦高效栽培实用技术

第4章 小麦栽培技术 …… 89
4.1 小麦主栽品种…… 89
4.2 小麦田间栽培技术…… 91
第5章 小麦水肥管理技术 …… 95
5.1 小麦的养分需求特点及规律…… 95
5.2 小麦的施肥技术…… 97
5.3 小麦的叶面施肥技术 …… 100
5.4 滴灌小麦水肥管理技术 …… 105
第6章 小麦有害生物及其防治技术…… 107
6.1 小麦病害 …… 107
6.2 小麦虫害 …… 122
6.3 小麦田杂草 …… 137
参考文献…… 153

|第一部分|
南疆玉米高效栽培实用技术

玉米(*Zea mays* L.)是禾本科、玉蜀黍属一年生高大草本植物。秆直立,通常不分枝,高1～4 m,基部各节具气生支柱根。叶鞘具横脉;叶舌膜质,长约2 mm;叶片扁平宽大,线状披针形,基部圆形呈耳状。顶生雄性圆锥花序大型,主轴与总状花序轴及其腋间均被细柔毛;雄性小穗孪生,长达1 cm,小穗柄一长一短。颖果球形或扁球形,成熟后露出颖片和稃片之外,其大小随生长条件不同产生差异,一般长5～10 mm,宽略过于其长,胚长为颖果的1/2～2/3。花果期为秋季。

玉米原产于中美洲和南美洲。全世界热带和温带地区广泛种植。中国各地均有栽培。玉蜀黍喜光,不耐阴,是短日照植物。玉米是喜温,适宜生长的温度为22～30 ℃、种子发芽的温度为6～10 ℃、拔节期的温度为15～27 ℃、开花的温度为25～26 ℃,灌浆的温度为20～24 ℃。

玉米的营养价值较高,是优良的粮食作物。作为中国的高产粮食作物,玉米是畜牧业、养殖业、水产养殖业等的重要饲料来源,也是食品、医疗卫生、轻工业、化工业等不可或缺的原料之一。

第1章　玉米栽培技术

玉米具有很强的耐旱性、耐寒性、耐贫瘠性以及极好的环境适应性。在新疆的南北疆都有种植，栽培技术较为成熟。

1.1　玉米主栽品种

玉米的品种类型很多，按用途分，有粮用饲用品种、菜用品种（包括糯质型、甜质型、玉蜀黍笋型）、加工品种（甜玉蜀黍、玉蜀黍笋）、爆粒型品种（爆米花专用品种）等。目前新疆的主栽品种有：

(1)新玉41号：新疆农业科学院粮食作物研究所育成的高产、优质、抗逆性强、适应性广的中熟高淀粉玉米杂交种，2007年通过新疆主要农作物品种审定委员会审定。在南疆生育期108天左右，北疆冷凉地区春播生育期126天左右。幼苗叶片绿色，叶鞘紫色，苗期生长势强，易保苗，生长速度快，植株整齐健壮，根系发达，抗倒伏，抗旱。株高270 cm，穗位高120 cm，茎粗2.5 cm。成株叶片数19片，雄穗花药淡黄色，雄穗分枝15～20个，散粉量大，雌穗花丝淡绿色，果穗筒形，穗长20 cm，穗粗5.1 cm，穗行数16行。籽粒黄色，马齿型，穗轴红色。千粒重380 g，出籽率

86.8%。株型紧凑，耐密植，持绿性好，抗倒性强，抗黑粉病、黑穗病和青枯病。籽粒容重730 g/L，淀粉含量75.96%，超过国家高淀粉玉米一级标准。粗蛋白含量8.9%，粗脂肪含量4.7%。在2005—2006年新疆北疆中熟春播玉米区域试验中，两年平均产量为907.15 kg/亩*，比对照增产8.86%，在生产试验中平均亩产860.6 kg，高产达936 kg/亩以上，比对照新玉13增产10%以上。一般亩种植密度为4500～5000株。

(2)新玉46号：新疆昌农种业有限责任公司育成。2008年通过新疆主要农作物品种审定委员会审定。生育期124.5天，属中熟品种，幼苗出土整齐，生长势较强，叶色深绿，叶片上冲，株型紧凑，株高296 cm左右，穗位高129 cm左右，直立上冲，果穗筒形，籽粒黄色，马齿型，穗长22 cm，穗粗5.56 cm，穗行数16～18行，行粒数50.6粒，千粒重380 g。成穗率高，抗倒伏，抗病，抗旱性中等。亩产800～1000 kg，增产潜力大。

(3)新玉60号：新疆昌农种业有限公司育成。2011年通过新疆审定。生育期120天左右，植株长势强，叶色浓绿，株型紧凑，株高298 cm，穗位高150 cm，活秆成熟。果穗筒形，穗长20.1 cm，穗行数16行，行粒数40粒，单穗粒重201 g，百粒重37.5 g，籽粒马齿型、黄色。适应性强，抗倒伏和折倒，中抗瘤黑粉病和玉米螟虫害。平均亩产960～1200 kg。适宜北疆中早熟玉米区域种植。

(4)新玉94号：新疆广宇科技发展有限公司育成，2017

* 1亩≈666.67 m^2，下同。

年通过新疆审定。平均生育期122天。株型半紧凑，幼苗拱土能力强，幼苗长势整齐，健壮，叶片深绿色，植株整齐一致，性状稳定。株高280 cm，穗位110 cm，果穗柱形，穗轴红色，穗长22 cm，穗粗5.1 cm，穗行数16～18行。籽粒深马齿型，黄红色，米质光亮，全角质，百粒重38 g，出籽率可达90%，抗虫、抗病性强，秆强抗倒伏，根系深抗旱不早衰，轴细粒深脱水快。粗蛋白质(干基)8.48%；粗脂肪(干基)3.6%；粗淀粉(干基)75.00%；水分7.50%；容重752 g/L。2015—2016年参加自治区晚熟玉米区域试验，平均亩产1006.4 kg，比对照农田增产8.75%。生产试验平均亩产973.1 kg，比对照增产7.06%，在9个试点中8点增产。亩适宜留苗密度6000株左右。

(5)新玉29号：由新疆农科院粮食作物研究所选育，新疆九禾种业有限责任公司生产与推广。在南疆地区复播88天左右，北疆春播104天左右。适宜在≥10 ℃的活动积温2300 ℃·d以上的地区种植。幼苗叶片绿色，叶鞘紫色，苗期生长势强，植株整齐、健壮，抗逆性强。株高220～240 cm，穗位高80 cm左右，茎粗2.2 cm，叶片18片，叶色绿色。叶片上冲，适于密植。果穗筒形，穗长18 cm，穗粗4.7 cm，穗行数14～16行，行粒数34.5粒，穗轴白色，籽粒金黄色，硬粒型，千粒重305 g，出籽率88.7%。抗倒伏，抗黑粉病、穗腐病和条纹病。一般亩保苗密度5000～5500株，2008年在喀什疏勒县复播最高亩产达720 kg，一般亩产量550～600 kg。

(6)新玉9号：南疆复播出苗至成熟90天左右，北疆春播100天，生长势强，抗逆性好，株高220～240 cm，穗位高

70～80 cm，全株 18 片叶，穗位叶第 14 叶，叶鞘紫红色，叶色深绿，叶脉、叶舌均为绿色，叶片上举，属中等紧凑株型。穗长 17 cm，穗粗 5 cm，每穗 18 行，每行 30～35 粒，千粒重 230～250 g，单穗粒重 135～145 g，雄穗分枝 15 个，花粉量大，籽粒半硬粒，黄色。品质优良，蛋白质含量 11.49%，粗淀粉含量 62.60%。玉米螟危害轻，危害率 6.1%，瘤黑粉病株发病率为 0.8%。复播一般亩产 550～650 kg。

(7)新玉 99 号：2017 年通过新疆审定。生育期 110 天左右，需≥10 ℃有效积温 2300 ℃·d 以上。幼苗绿色，叶鞘紫色，叶缘绿色。株型紧凑，叶片收敛，成株叶片 18 片。株高 260～280 cm，穗位高 90～100 cm。果穗长筒形，穗长 20 cm 左右，穗行 14～16 行，穗轴红色。籽粒半马齿型，粒色黄色，千粒重 350 g 左右，容重 778 g/L。该品种中抗玉米螟、瘤黑粉病、丝黑穗病。籽粒蛋白质含量 8.32%，粗脂肪含量 3.2%，粗淀粉含量 76.48%。2015—2016 年两年自治区区域试验，平均亩产 839.4 kg。生产试验平均亩产 891.9 kg，比对照(KWS3376)增产 5.79%。适宜新疆北疆春播早熟区域种植。

(8)新玉 103 号：新疆广宇科技发展有限公司育成。2017 年通过新疆主要农作物品种审定委员会审定。复播生育期 90 天左右，幼苗绿色，叶鞘紫色，叶缘绿色。株高 270 cm，穗位高 100 cm 左右，株型紧凑，叶片收敛，果穗筒形，穗长 20 cm，穗行数 14～16 行，穗轴红色，单穗粒重 180 g，结实性好。籽粒黄色，半马齿型，百粒重 35 g。玉米螟危害株率较轻；粗缩病、丝黑穗病发病株率为 0%，倒伏率 0%，该品种表现出较强的抗病性和高抗倒伏能力。粗蛋白质(干基)含量11.07%,粗脂肪(干基)含量4.6%,粗淀粉(干基)含量66.64%,水分含量10.6%,容重676 g/L。2014—2015年两年南疆复播早熟组区域试验平均亩产563.2 kg,比对照农田增产8.99%。2016年生产试验,平均亩产583.29 kg,比对照增产9.59%。亩适宜留苗密度5500株左右,适宜新疆南疆复播种植。

(9)新饲玉13号:粮饲兼用型玉米,于2007年3月通过新疆审定。在南疆复播全生育期103天左右,北疆生育期118天左右,特别适合在南疆部分高热县市复播。株高280～320 cm,穗位高120 cm,茎粗2.2 cm,穗长22～28 cm,穗粗3.6 cm,千粒重390～450 g,出籽率86%。叶色深绿,全株叶片数22片,活秆成熟,籽粒半硬粒型,黄色,红轴,穗型筒形。南疆复播亩籽实产量600～800 kg,亩青贮产量4000～6000 kg。北疆春播亩籽实产量900～1200 kg,亩青贮产量5000～7000 kg。

1.2 春播鲜食甜糯玉米栽培技术

近年来,我国鲜食玉米产业呈现飞速发展的态势,目前,全国鲜食玉米总种植面积已超2000万亩,市场年消费量达570亿穗。全国已有24个省(区)70多个科研单位和企业重点发展鲜食玉米。鲜食玉米产业是继玉米饲料业和玉米深加工业之后,具有清晰发展前景的新兴玉米产业。目前,发展鲜食玉米不但可满足市民多元化高质量的消费需求,而且成为郊区低收入户脱贫增收、农民增收致富、居民体验农业的重要途径。鲜食玉米发展迅猛，富有朝气，已成为我国农民增收的主要经济作物之一及发展都市农业的首选作物之一。

1.2.1 鲜食玉米类型

鲜食玉米通常指甜玉米、糯玉米和甜加糯玉米，区别于普通的粮食玉米。鲜食玉米兼具粮、果、蔬三类食物的特性。

1.2.1.1 甜玉米

市场主要是超甜玉米，也称水果玉米、蔬菜玉米。以乳熟期含糖量高而得名，含糖量高达15%～25%，不具有糯性，香味不浓，一般以鲜穗上市，生吃、熟食均可，并可用来加工速冻玉米。种子成熟后，淀粉含量为18%～20%，表现为凹陷干瘪，无光泽，不透明。甜玉米种子秕瘪，胚乳比例小，贮藏养分少，不能很好地满足种子萌发以及幼苗三叶期前自身营养的需要，所以形成比普通玉米出苗率低、苗势弱和幼苗生长不整齐等特征。超甜玉米的显著优点是甜度明显提高，糖分转化为淀粉的速度慢，所以田间采收期相对延长，青穗在植株上可以多停留几天，但同样必须及时采收、加工。口感"清甜爽脆、嫩滑无渣"，营养特点是低脂肪、无胆固醇、无饱和脂肪酸，易吸收。经常食用甜玉米有利于防止血管硬化，降低血液中胆固醇的含量，还可以防止肠道疾病和癌症的发生，保健效果良好，是老年人和婴幼儿的良好食品。

1.2.1.2 糯玉米

糯玉米是指籽粒胚乳中支链淀粉含量95%以上的一

类玉米，乳熟期蒸煮食用口感黏软清香、皮薄无渣、内容物多。糯玉米蛋白质含量比较高，富含维生素A、维生素B_1等营养元素，一般总含糖量为7%～9%，并含有大量维生素E、维生素B_1、维生素B_2、维生素C、肌醇、胆碱、烟碱和矿质元素，比甜玉米含有更丰富的营养物质和更好的适口性，而且易于消化吸收。常食用糯玉米，还有利于防止血管硬化、降低血液中的胆固醇含量，还可以预防肠道疾病和癌症的发生，保健效果好，是老弱病人和婴幼儿的良好食品。

1.2.1.3 甜加糯玉米

果穗上籽粒一般糯玉米籽粒占75%，甜玉米籽粒占25%，既糯又富有甜味，具备了甜糯风味，近年来更是深受消费者的喜爱。

1.2.2 栽培技术要点

1.2.2.1 选用良种

优良的品种是生产优质产品的基础和基本保障。新疆市场上甜糯玉米品种多、杂，选购品种时必须要依据新疆自然生态条件和生产加工及客户的需求来确定，要选省审(认)定和国审的品种，切不可盲目调种。选择品种时商品品质和口感是第一位的，其次才能考虑品种的丰产性。直接采摘鲜穗上市销售的可选用早熟甜糯玉米品种，早上市，经济效益高；作为鲜穗速冻加工、真空包装保鲜加工或鲜籽粒加工为目的的，可选用中熟或中晚熟品种，果穗中大，品质好，产量高。品种选用，除了考虑丰产性和品质外，还应注意鲜果穗外形、籽粒的颜色，以满足不同消费者的需求。对加工单位来讲穗轴一般选用白轴。目前，在新疆主要推广利用的优良甜糯玉米品种有：万糯 2000、京科糯 2000、新糯玉 5 号、垦糯玉 4008、新糯玉 15 号、脆王等。

万糯 2000：白糯玉米品种。出苗—鲜穗采收需 90 天，株型半紧凑，株高 260 cm，穗位高 110 cm，成株叶片数 20 片。花丝绿色，果穗长筒形，穗长 22 cm，穗行数 14～16 行，穗轴白色，籽粒白色、硬粒型，百粒重（鲜籽粒）44 g。亩产鲜穗 900～1000 kg。

优点：适宜速冻或真空包装，大果穗，穗形漂亮，成品率高。皮薄无渣，糯性好，籽粒黏软，糯中带甜，口感好，果穗凉后不返生。果穗适采期较长，一般 5～7 天。抗倒伏、倒折，产量高。

京科糯 2000：白糯玉米品种。出苗至采收 97 天，属鲜食型糯玉米品种。幼苗浓绿色，叶鞘紫色，叶缘绿色，花药绿色，颖壳粉红色。株型半紧凑，叶片有褶皱，株高 277 cm，穗位高 135 cm，成株叶片数 21 片。花丝粉红色，果穗锥形，穗长 21.9 cm，秃尖 1.2 cm，穗行数 14 行，穗轴白色，单穗鲜重 450 g。籽粒白色、半马齿型，百粒重 37.1 g（鲜籽粒）。人工接种抗病（虫）害鉴定，高抗茎腐病、丝黑穗病和玉米螟，抗大斑病。籽粒粗淀粉（干基）含量 61.41%。

新糯玉 5 号：白糯玉米品种。采收期 97 天，果穗筒形，籽粒白色，白轴，穗长 21～23 cm，穗粗 4.8 cm，穗行数 14 行，单穗鲜重 300 g 左右。籽粒支链淀粉含量 100%。经新疆维吾尔自治区玉米专家品尝鉴定：感官和蒸煮品质总分 90.8 分，评定为优等一级。一般亩产鲜果穗 1000 kg 左右。皮薄、黏、香、细腻，略有甜味，口感极佳。

垦糯玉 4008：黄糯玉米品种。采收期 86 天左右。鲜穗长 22～23 cm，籽粒亮黄色，白轴，穗粗 5 cm，筒形，穗行数 14～16 行，外观品质好。口感好，皮薄、光滑细腻，上市早，具有香、糯、甜等特点，鲜果穗重 350 g，亩产鲜穗 1200 kg。

新糯玉 15 号：甜加糯玉米品种。新疆北疆出苗至采收 80～90 天。幼苗叶鞘紫色，叶缘绿色，花药绿色，颖壳绿色。株型半紧凑，株高 251 cm，穗位高 109 cm，成株叶片数 18～19 片，花丝青色，果穗长筒形，穗长 21.8 cm，穗行数 14～16 行，穗轴白色，籽粒白色、硬粒型，百粒重 36 g。抗茎腐病和玉米螟。粗蛋白含量 9.03%，粗脂肪含量 6.30%，粗淀粉含量 69.21%，支链淀粉含量 69.21%。

优点：(1)鲜果穗上糯粒∶甜粒比例为 3∶1，既甜又糯，皮薄，入口无渣，蒸煮口感佳；(2)株型较紧凑，耐密植，植株高度适中，穗位低，便于人工采收，综合性能表现较好；(3)生育期适中。需≥10 ℃活动积温 2400 ℃·d 以上，适宜新疆南、北疆及区外同类地区种植；(4)鲜穗产量高。鲜穗平均亩产 1200.9 kg。

脆王：超甜玉米品种。播种至采收 80 天，幼苗、叶鞘均绿色，花药黄色。株高 196 cm，穗位高 70 cm，成株叶片数 16 片。花丝绿色，果穗筒形，穗长 20～22 cm，穗行数 16～18 行，穗粗 5.3 cm，穗轴白色。籽粒金黄色、马齿型，百粒重 14 g。人工接种抗病(虫)害鉴定，抗茎腐病、弯孢菌叶斑病、灰斑病和丝黑穗病，中抗玉米螟。籽粒可溶性总糖为 22.86%。产量平均可达到每亩 1200～1500 kg。

1.2.2.2 种子处理

播种前除去过小粒、瘪粒、霉粒、杂粒，按籽粒大小分级，按级分别播种。采取晒种、浸种、药剂拌种等措施进行种子处理，可明显提高种子的生活力，减少病虫危害，达到全苗、壮苗，为丰产打下良好的基础。

1.2.2.3 隔离种植

甜糯玉米基因属于胚乳性状的隐性突变体，当甜糯玉米与普通玉米或其他类型玉米杂交时，当代所结种子就失去了甜糯性变成普通玉米。所以，种植甜糯玉米必须与其他类型玉米隔离种植。根据甜糯玉米的用途不同，要求的隔离距离也有所不同，如果生产的甜糯玉米用来销售鲜嫩果穗，隔离 200 m 即可；如果鲜嫩果穗用来速冻加工，则必须隔离 400 m 以上；采取时间隔离则花期必须相差 30 天以上。另外，甜糯玉米应尽量种植在普通玉米的上风口，避免串粉杂交。

1.2.2.4 土壤选择

选择肥力较高的壤土或沙壤土、pH 6.5～7.0、深松保水、渗透性好的地块种植。深耕土地可以加厚活土层，改良土壤理化性状，对调节土壤水、肥、气、热效果明显，有利于根系垂直向下生长。

1.2.2.5 施肥原则

根据土壤具体情况配方施肥，同时施足基肥、增施磷钾肥、重施穗肥。亩施有机肥 1000～1500 kg，亩施化肥总量 60～70 kg。播种时带施种肥，以磷酸二铵及少量尿素为主；出苗后及时追施提苗肥，以磷酸二铵为主，配以少量尿素；大喇叭口期重施攻穗肥，结合开沟追施尿素（滴灌地可随水施肥）。前期施肥占总量的 30%～35%，大喇叭口期追肥占总量的 65%～70%，注意肥料行不要和种子行接触，以防烧苗。

1.2.2.6 土壤封闭除草

播前亩用 50%乙草胺 100～150 g 或 90%乙草胺(禾耐斯)80～100 g 加水 30～40 kg，均匀喷洒土壤表面对杂草进行土壤封闭，随后进行耙磨整地，做到不重不漏，成待播状。

1.2.2.7 宽窄行播种

当土壤表层 5～10 cm 地温稳定在 12 ℃以上时即可播种，和田平原地区一般 4 月中旬播种，适期早播，利于早出苗、早成熟，规避自然灾害风险。播种采用气吸式精量或半精量膜上点播播种机：(1)2.05 m 幅宽地膜，一膜 4 行，45 cm＋75 cm＋45 cm，亩播种密度 4000 株；(2)70 cm 幅宽地膜，一膜 2 行，一机 2 膜 4 行，40 cm＋70 cm，亩播种密度 4000 株。亩播种量 2.5～3.0 kg，每穴 1～2 粒，播深 4～5 cm。播种质量要求：播行笔直，铺膜平展，压膜严实，采光面大，下籽均匀，接行准确，播深适宜，镇压确实，到头到边，为优质高产打下基础。

1.2.2.8 合理密植

留苗密度可根据具体需要而定，直接上市销售的，果穗要稍大，密度可适当调小一些，一般亩留苗 3000～4000 株；而作为鲜穗加工的，要求果穗中大，亩留苗 4000～4500 株。甜糯玉米由于自身的遗传特性，会出现不同程度的分蘖现象，在拔节期前要及时去除分蘖，以防消耗营养。

1.2.2.9 分期播种

对于种植面积大的种植户，为防止鲜果穗采收过于集中和人力不足，可分期播种，分批上市或加工。每隔 5～10 天播种 1 次，播 2～3 期。

最迟播期应考虑保证灌浆期气温不低于16 ℃(最好在18 ℃以上),否则会影响灌浆,使籽粒皮厚肉少口感差。一般立秋是本地鲜食玉米最迟播种临界点。

1.2.2.10 田间管理

(1)苗期管理

① 播种—出苗。滴灌地要及早滴出苗水。播后尽早接好支管和滴灌带,及时滴出苗水,滴水要均匀,避免干湿不匀,出苗时间不一致,造成大小苗。亩滴灌水量40 m^3,以全田膜下全面湿润、膜间无积水为宜。确保苗齐、苗全、苗匀、苗壮。可亩随水滴入1 kg尿素或2 kg磷酸一铵作提苗肥。播种后如遇下雨,雨停后要及时破板结。

要及时放苗。防止膜下高温烫伤幼苗,放苗后用土封好穴孔。

② 苗期中耕。主要作用:提温、除草、保墒、扎根。一般可进行1～2次。第1次:玉米现行就可进行,深度14～16 cm,护苗带8～10 cm,要避免压苗、埋苗,达到行间平、松、碎的质量要求。第2次:一星期后第2次中耕,中耕深度可达16～18 cm,苗旁宜浅,行间宜深。

③ 适时定苗。可以避免幼苗拥挤,相互遮光,节省土壤养分、水分,以利于培养壮苗。一般可见4～5叶时定苗,每穴留单株,注意留苗要均匀,去弱留壮,去大去小留中,去病留健。

④ 适当蹲苗促壮、预防中后期倒伏。春播甜糯玉米应蹲苗。蹲苗是根据苗期生长发育的特点,以促进根系发育为主要目的,使根系下扎深、分布广,增强抗旱、抗倒伏能力。其措施主要有中耕松土,控制水分。蹲苗的玉米保水

力强、健壮，对玉米植株增强抗旱、耐旱能力具有一定作用。

(2)中后期管理

适期滴水施肥。第一水时间：大喇叭口期(展 11～12 叶)。应选择无大风日进行，第一水要滴足滴匀。40～50m^3/亩，施入尿素 15 kg/亩左右，以后每水施入尿素 8～10 kg/亩。从植株形态来看，叶片在中午出现萎蔫现象，黄昏前又恢复，即为轻度缺水，这种现象持续 5～7 天后就可以进行头水灌溉。第二水时间：头水后 8～10 天进行，保持田间湿润，全生育期浇水不少于 6～7 次。甜糯玉米讲求鲜食期的风味、口感，如果生育中期缺水，会造成结实率低，种皮硬化，果穗秃尖增大，商品率下降，因此生育期中不可受旱。

1.2.2.11 适期采收

鲜食甜糯玉米收获期气温较高，灌浆后成熟时间短，能否在鲜穗成熟最佳期采收，对其品质、口感影响较大。甜糯玉米一般在雌穗吐丝 21～28 天、花丝变褐、籽粒正常饱满、手掐籽粒有乳状液体缓慢流出即可采收。过早采收籽粒含水多、干物质少，味淡糯性不强。采收过迟，糖分转化为淀粉，种皮增厚，黏而不甜，香味降低。采摘时间宜在上午 7:00—10:00。玉米穗应符合鲜食质量安全的要求。

提倡使用清洁卫生的竹筐或塑料食品筐装运，装箱时需轻拿轻放，玉米棒不得受压；装车时上层筐不能在田间长时间停留和暴晒，不能使用腐烂、过老过嫩、病虫害严重及采收时间超过 6 小时的鲜玉米棒原料。

采收后要尽快上市销售或加工。采收到销售、加工必须在 6 小时内完成,否则风味下降。如不能及时销售和加工,必须储存于低温环境中,或将果穗置于－35 ℃以下的冷库内冻结,待冻结后装箱冷藏在低温冷库内(－18 ℃)。进行反季节销售,满足市场需求,获取较高的收入。

1.3 春播籽粒玉米高产栽培技术

1.3.1 品种选择

选用高产、稳产、耐密植、高抗逆、适合机收的中晚熟玉米新品种。适合南疆推广的杂交种如下。

先玉 335:产量 950 kg/亩,比 SC704 增产 10%以上。生育期 130 天左右,抗倒伏、抗瘤黑粉病、灰斑病、纹枯病和玉米螟。籽粒容重 776 g/L,粗蛋白含量 10.91%,粗脂肪含量 4.01%,粗淀粉含量 72.55%,赖氨酸含量 0.33%。所需≥10 ℃活动积温 3200～3300 ℃·d。适宜种植密度 5000～5500 株/亩。

郑单 958:产量 900 kg/亩,比 SC704 增产 8%以上,生育期 128 天左右。适宜种植密度 5000～5400 株/亩。

1.3.2 播前整地及全苗技术

1.3.2.1 深耕整地

抓住有利时机,进行深耕整地,深耕 25～30 cm。深耕一致,翻垡均匀,不重不漏,犁后带耙耙平。

1.3.2.2 浇足底墒水

进行冬灌或播前春灌，要求灌水均匀，渗透一致，保证土壤墒情一致。

1.3.2.3 精细整地

及时掌握土壤墒情，保墒整地，整地要求达到“墒、平、松、碎、净、齐”六个字标准。

1.3.2.4 种子准备

大田用种选用一级种子，纯度不低于98%，发芽率90%以上，净度98%以上，水分13%以下。播前进行种子筛选，保证种子均匀一致，大小种子分开播种，播前进行晒种和包衣处理或用包衣的种子，提高出苗整齐度。

1.3.2.5 适时早播

播种期以地温稳定在10～12 ℃时即可播种，一般和田地区在3月中下旬。采用地膜覆盖栽培，可比常年露地正常播期提前7～10天播种。

滴灌地可根据土壤墒情滴出苗水，保障全苗、齐苗。

1.3.2.6 采用精量播种技术，提高播种质量

种植方式：60 cm×40 cm的宽窄行方式或50 cm×50 cm的等行方式。

播种方法：采用半精量、精量播种机点播，要播行端直，接行准确，株行距一致。

播种量：每亩2.0～2.5 kg。

播种深度：播种深度一般5～6 cm为宜，播种时全田土壤墒情一致，深浅一致，播后盖土良好，镇压严密，减少土壤水分蒸发。

1.3.3 肥料施用

基肥的作用是培肥地力，改善土壤物理性状，疏松土壤，有利于微生物的活动，及时供应苗期的养分，促进根系发育，为培育壮苗创造良好的环境条件。基肥应以有机肥与无机肥配合，氮肥与磷肥、钾肥及微肥配合施用。

1.3.3.1 施足基肥

施用基肥的数量，因肥料的种类和质量而异。一般亩施农家肥 2000～3000 kg，磷肥 25～30 kg、钾肥 5～8 kg 作基肥。基肥的施用应强调深施、早施、适量。

1.3.3.2 适时追肥

根据品种特性、土壤肥力、玉米需肥特性确定施肥时期和次数。一般中晚熟品种第一次追肥应在大喇叭口期(展开叶 11 片)，此期玉米进入雌穗小花分化期，这时亩施尿素 25～30 kg。若分期追肥，第二次追肥应在抽雄前 8～10 天，占追肥量的 20%。对于保肥性差的土壤要进行分期追肥，不要一次施肥量过大。

1.3.4 合理密植

根据生产条件、土壤肥力、品种特性，做到合理密植，使构成玉米产量的三要素(有效穗数、穗粒数、粒重)相互协调，增加收获穗数，挖掘群体增产潜力。

通过合理的种植方式决定适宜密度，改善群体结构，提高光能利用率，才能发挥密植的增产效果。密植栽培时，根据种植密度和种植行距来决定株距，一般计算公式为：

株距(m)＝亩/平均行距(m)/预留密度(株/亩)。

1.3.5 田间管理

1.3.5.1 苗期管理

(1)查苗、补苗

播种后6～8天及时检查出苗情况,看是否有土壤板结,板结的土壤及时破除,以免影响正常出苗,保证全苗。

(2)适时定苗

4～5叶期定苗,结合间定苗,留壮苗,留苗均匀,去病苗、弱苗,除去杂草,促进玉米个体与群体协调生长,发挥品种最大生产潜力。

(3)确定适宜种植密度

根据不同品种要求,中等以上土壤肥力,种植密度稍高;中等肥力以下,种植密度适当减小。

(4)中耕、除草、松土

出苗显行时,及时进行中耕松土,第二次中耕在定苗前进行,最后一次中耕在追肥前结合除草进行,同时进行蹲苗培土,促进次生根生长,提高抗倒伏能力。

(5)追苗肥

定苗后如苗黄,生长势弱,每亩追施尿素5～10 kg,作攻苗肥,并结合中耕松土、除草,促使幼苗生长健壮。

(6)防治虫害

苗期的主要害虫为地老虎和金针虫。

防治方法:适时早播调整播期,避开害虫为害高峰期;使用相关药剂包衣的种子。

药剂防治:50%的辛硫磷乳油以种子量的0.3%拌种,或以药土比1∶200拌稀土,每亩撒施300 kg药土。用

50%的甲胺磷乳油，按种子量的0.3%剂量拌种，闷种3～5 h后晾干播种；选用2.5%敌杀死乳油，每亩用量30～35 mL，按使用说明兑水，玉米显行时均匀喷雾，防治低龄幼虫。

1.3.5.2 中后期管理

(1)适宜蹲苗

定苗后根据幼苗长势决定是否蹲苗，蹲苗应“蹲晚不蹲早、蹲湿不蹲干、蹲高不蹲弱”的原则，促进根系发育，提高抗倒伏能力。

(2)追肥

中晚熟品种第一次追肥应在大喇叭口期(展开叶11片)，此期玉米进入雌穗小花分化期，这时亩施尿素25～30 kg。对于保肥性差的土壤要进行分期追肥，不要一次施肥量过大。

(3)灌水

及时灌头水(大喇叭口期，展开叶11片)，灌水应选择无大风日进行，灌第二水时间在头水后10～15天进行，保证生长发育正常，降低空秆率，提高单株生产力，浇水次数根据品种、土壤墒情灵活把握。

滴灌地应在大喇叭口期及时滴水，并随水施入尿素12～15 kg/亩。以后根据天气和地里湿润情况，每7～10天滴水施肥1次。

(4)及时除草，改善通风、透光条件

生长后期及时防除杂草，割除空秆、无穗植株、生长发育缓慢植株，改善田间透风透光，促进籽粒饱满。

(5)追施粒肥

防止早衰，延长绿叶功能期，防止籽粒败育，提高结实率和粒重。在穗肥充足，植株长相好的地块无须施肥。根据长势，穗肥不足，出现早衰时每亩追施尿素 10 kg 左右，施粒肥时期最好在抽雄前 5～8 天进行。

(6)防治玉米病虫害

中后期玉米主要病虫害有玉米螟、蚜虫、叶螨、丝黑穗病、瘤黑粉病等。

防治方法：预防为主，综合防治。

瘤黑粉病：避免重茬。用 50%的福美双可湿性粉剂以种子量的 0.2%拌种可减轻瘤黑粉病发生。

丝黑穗病：避免重茬。用 15%的三唑酮可湿性粉剂，以种子量的 0.5%拌种，用 50%的福美双可湿性粉剂以种子量的 0.2%拌种可减轻丝黑穗病发生。

玉米螟：小(大)喇叭口期用辛硫磷颗粒剂灌心防治一代玉米螟。

叶螨：玉米拔节期选用 73%克螨特乳油 1500～2000 倍液每亩 40～60 mL 喷撒玉米叶片背面可防止叶螨为害。

蚜虫：40%的辛硫磷 1500 倍药液喷施防治蚜虫为害。

1.3.6 收获

当玉米籽粒变硬，出现黑层，表现出本品种色泽时，及时进行收获。收获后的玉米秸秆仍保持青绿，可进行青贮。

1.4 核桃林下麦后复播玉米高产栽培技术

新疆是我国核桃的发源地之一，近年来，核桃以其良好的经济效益、社会效益及发展前景，成为新疆林果业的支柱产业之一。随着国家整体精准扶贫的推进，新疆环塔里木盆地的特色林果种植进一步扩大，核桃已逐渐成为南疆的优势树种及农民收入的重要经济来源。南疆核桃以和田地区（和田县）的核桃最有名，出于充分利用土地，增加农民经济效益的考虑，林下间作越来越受到农民朋友的重视。林下间作种植复播玉米能提高复种指数，也是加快和田地区畜牧业发展、促进农民增收的不可替代的重要支柱产业之一。

和田地区是南疆核桃、小麦、玉米等作物的主产区，但近几年林果业的迅速发展导致粮食、蔬菜等作物的种植面积逐年减少，农林矛盾日益严峻。因此，林下间作栽培模式在不减少粮食作物栽培面积的前提下，发展核桃等林果业的种植面积，既保证了农民经济收益，还解决了农民吃饭问题，开辟了核桃优先发展、粮食自给自足的增收新渠道。核桃林下间作玉米还可集约利用光、热、水、肥等植物生长所必需的条件，同时可以有效抑制杂草生长，充分利用土壤和作物的生产潜力，对生态建设具有重大意义。

1.4.1 选择优良玉米品种

选用优良品种是确保复播玉米优质高产的关键。选用早熟、高产、优质、多抗粮饲兼用、生育期短（100 天之内）的玉米品种。适合当地推广的杂交品种有：

新玉 29 号：复播生育期 88 天。早熟、高产、稳产、优质、多抗、适应性强。南疆复播产量 580 kg/亩比新玉 9 号增产 9.9%。籽粒金黄色，硬粒型，容重 782 g/L，粗淀粉含量 78.93%，超过国家高淀粉玉米一级标准，粗蛋白含量

9.75%,粗脂肪含量4.34%,赖氨酸含量0.22%,商品品质及加工品质好。适宜种植密度5000~5500株/亩。

新玉9号:复播生育期90天。早熟、高产、稳产、适应性强。复播平均产量500~550 kg/亩,籽粒粗蛋白含量11.49%。适宜种植密度4500株/亩。

1.4.2 抢时早播、实现一播全苗

1.4.2.1 浇足底墒水(麦黄水)

在麦收前5~7天,浇灌播前水,要求灌匀、灌透,渗透一致,保证土壤墒情一致。

1.4.2.2 麦收后及时浅耕灭茬

麦收后,抓住时机,进行浅耕灭茬,浅耕要求15~20 cm。旋耕1~2遍,耕整一致,耙地平整、均匀。

1.4.2.3 播前整地

播前将尿素10 kg/亩、磷酸二铵20 kg/亩,均匀撒于地面,深翻入土。整地要求达到墒足、地平、土松,无土块,无杂草残茬,边角整齐。

1.4.2.4 种子准备

选用一级种子,纯度不低于98%,发芽率90%以上,净度98%以上,水分13%以下。播前进行种子筛选,大小种子分开,保证均匀一致,播前进行晒种,或用玉米包衣剂包衣处理,提高出苗整齐度。

1.4.2.5 播种机具调整

按膜上中行行距45 cm,边行距35 cm(或20 cm),膜间距55 cm,即每播幅170 cm (或140 cm),播种株距28.5 cm,播深3 cm,覆土2 cm,每穴下种1~2粒进行机械调整。

1.4.2.6 抢时早播

早播是复播玉米增产的关键。早播可延长灌浆期，避免后期低温影响，提高千粒重和穗粒重，从而达到高产。南疆复播玉米适时播种期为6月10日至7月5日，最迟不能晚于7月10日。成熟期不超过10月5日。新玉9号、新玉29号适宜播期为6月10—30日。

1.4.2.7 规范播种，提高播种质量

播种方法：用玉米半精量、精量播种机点播，适时抢墒抢时复播玉米。

种植方式：60 cm×40 cm的宽窄行方式或50 cm×50 cm的等行距方式。或者用1.45 m宽膜，一膜4行，株行距配置为(35+45+35+55) cm×28 cm，平均行距42.5 cm。理论株数5607株/亩，或用1.25 m棉花播种机一膜4行(20+45+20+55) cm×28 cm，平均行距35 cm，理论株数为6806株/亩；具体方法是将棉花播种机调整为适宜玉米种植的密度进行播种。

采用4行宽膜播种机播种，行距35 cm+50 cm+35 cm，接行60 cm，株距23～25 cm，平均行距44.5 cm，理论株数6000株/亩。

铺膜质量要符合要求，要求播行端直，接行准确，株行距一致。横头整齐，膜面平整，压土紧密，采光面大，播深一致。

适度增加播种量：每亩2.5～3.0 kg。

播种深度：一般5～6 cm为宜，播种时全田土壤墒情一致，深浅一致，覆土良好，镇压严密，减少土壤水分蒸发，做到一播全苗。

1.4.3 肥料施用

基肥的作用是培肥地力，改善土壤物理性状，疏松土壤，有利于微生物的活动，及时供应苗期的养分，促进根系发育，为培育壮苗创造良好的环境条件。基肥应以有机肥与无机肥配合，氮肥与磷肥、钾肥及微肥配合施用。

1.4.3.1 施足基肥

施用基肥的数量，因肥料的种类和质量而异。一般亩施农家肥 2000～3000 kg，磷肥 20～25 kg、钾肥 5～8 kg 作基肥。基肥的施用应强调深施、早施、适量。

1.4.3.2 适时分期追肥

根据品种特性、土壤肥力、玉米需肥特性确定施肥时期和次数。一般南疆早熟品种第一次追肥应在小喇叭口期(展开叶 8 片)，此期玉米进入雌穗小花分化期，这时亩施尿素 15～20 kg。若分期追肥，第二次追肥应在抽雄前 8～10 天，每亩追施尿素 5～10 kg，条施或穴施。对于保肥性差的土壤要进行分期追肥，不要一次施肥量过大。

1.4.4 合理密植、增加收获穗数

根据生产条件、土壤肥力、品种特性，做到合理密植，使构成玉米产量的三要素(有效穗数、穗粒数、粒重)相互协调，增加收获穗数，挖掘群体增产潜力。

通过合理的种植方式决定适宜密度，改善群体结构，提高光能利用率，才能发挥密植的增产效果。密植栽培时，根据种植密度和种植行距来决定株距，一般计算公式为：

株距(m)＝亩/平均行距(m)/预留密度(株/亩)。

1.4.5 采用地膜栽培

地膜栽培改善土壤水分、热量情况，有利于复播玉米一播全苗和苗期生长，对复播玉米的增产效果明显。

采用70 cm的窄膜，种植方式采用50 cm×50 cm的等行方式，株距视密度而言，一般20～25 cm。头水前及时揭膜，防止土壤污染。

1.4.6 加强田间管理，确保增产增收

1.4.6.1 苗期管理

(1)早查苗、补苗

播种后6～8天及时检查出苗情况，查看是否有土壤板结，板结的土壤及时破除，以免影响正常出苗。出苗显行后，如果发现缺苗断垄，应及时补种，保证全苗。

(2)早间苗、早定苗

复播玉米普遍存在定苗偏晚或不定苗的粗放种植现象，对复播玉米产量影响极大。及时间苗、定苗是减少弱株率，提高田间整齐度，保证合理密度的重要环节。4～5片叶时定苗，定苗时多保留计划密度的5%。

(3)早中耕、除草、松土

出苗显行时，及时进行中耕松土，第二次中耕定苗前进行，最后一次中耕在追肥前结合除草进行，适当蹲苗培土，促进次生根生长，提高抗倒伏能力。

1.4.6.2 中后期管理

(1)分次追肥

南疆复播玉米第一次追肥应在小喇叭口期(展开叶8

片），此期玉米进入雌穗小花分化期，亩施尿素 15～20 kg。第二次追肥应在抽雄前 8～10 天，亩追施尿素 5～10 kg，条施或穴施。对于保肥性差的土壤要进行分期追肥，不要一次施肥量过大。追肥一般采用条施或穴施，距玉米植株 10～15 cm 处开沟深施 10 cm 左右。

(2)灌水

及时灌头水（小喇叭口期，大约出苗后 20～25 天），灌水应选择无大风日进行，灌第二水的时间在头水后 10～12 天进行，保证生长发育正常，降低空秆率，提高单株生产力，全生育期浇水不少于 4 次。

(3)及时除草，改善通风、透光条件

生长后期及时防除杂草，割除空秆、无穗植株及生长发育缓慢的植株，改善田间通风透光，促进籽粒饱满。

1.4.7 及时收获

复播地膜玉米一般在 9 月底到 10 月初将陆续进入完熟期，当玉米籽粒变硬，出现黑层，表现出本品种色泽，苞叶变黄后要及时收获、摊晒，在籽粒含水量降至 14%以下时，入库贮藏。收获后的玉米秸秆仍保持青绿，可进行青贮。

1.5 南疆麦后复播玉米栽培技术

种植复播玉米能提高复种指数，也是加快和田地区畜牧业发展、促进农民增收的不可替代的重要支柱产业之一。为提高复播玉米生产，做到节本增效，增加农民收入，开展复播玉米优质、高产攻关示范具有重要意义。

1.5.1 选择优良品种

选用优良品种是确保复播玉米优质高产的关键。选用早熟、高产、优质、多抗粮饲兼用、生育期短(100 天之内)的品种。适合当地推广的杂交品种有:

新玉 29 号:早熟、高产、稳产、优质、多抗、适应性强。南疆复播产量 580 kg/亩,比新玉 9 号增产 9.9%。复播生育期 88 天。籽粒金黄色,硬粒型,容重 782 g/L,粗淀粉含量 78.93%,超过国家高淀粉玉米一级标准,粗蛋白含量 9.75%,粗脂肪含量 4.34%,赖氨酸含量 0.22%,商品品质及加工品质好。适宜种植密度 5000～5500 株/亩。

新玉 9 号:早熟、高产、稳产、适应性强。复播平均产量 500～550 kg/亩,复播生育期 90 天。籽粒粗蛋白含量 11.49%。适宜种植密度 4500 株/亩。

1.5.2 抢时早播、实现一播全苗

1.5.2.1 浇足底墒水(麦黄水)

在麦收前 5～7 天,浇灌播前水,要求灌匀、灌透,渗透一致,保证土壤墒情一致。

1.5.2.2 麦收后及时浅耕灭茬

麦收后,抓住时机,进行浅耕灭茬,浅耕要求 15～20 cm。旋耕 1～2 遍,耕整一致,耙地平整、均匀。

1.5.2.3 种子准备

选用一级种子,纯度不低于 98%,发芽率 90%以上,净度 98%以上,水分 13%以下。播前进行种子筛选,大小种

子分开，保证均匀一致，播前进行晒种，或用玉米包衣剂包衣处理，提高出苗整齐度。

1.5.2.4 播种机具调整

按膜上中行行距45 cm，边行距35 cm(或20 cm)，膜间距55 cm，即每播幅170 cm (或140 cm)，播种株距28.5 cm，播深3 cm，覆土2 cm，每穴下种1～2粒进行机械调整。

1.5.2.5 抢时早播

早播是复播玉米增产的关键。早播可延长灌浆期，避免后期低温影响，提高千粒重和穗粒重，从而达到高产。南疆复播玉米适时播种期为6月10日至7月5日，最迟不能晚于7月10日。成熟期不超过10月5日。新玉9号、新玉29号适宜播期为6月10—30日。

1.5.2.6 规范播种，提高播种质量

播种方法：用玉米半精量、精量播种机点播，要求播行端直，接行准确，株行距一致。

种植方式：60 cm×40 cm的宽窄行方式或50 cm×50 cm的等行距方式。或者用1.45 m宽膜，一膜4行，株行距配置为(35+45+35+55) cm×28 cm，平均行距42.5 cm。理论株数5607株/亩。或用1.25 m棉花播种机一膜4行(20+45+20+55) cm×28 cm，平均行距35 cm，理论株数为6806株/亩；具体方法是将棉花播种机穴播器鸭嘴隔一个堵两个后进行播种。

适度增加播种量：每亩2.5～3.0 kg。

播种深度：播种深度一般5～6 cm为宜，播种时全田土壤墒情一致，深浅一致，覆土良好，镇压严密，减少土壤水分蒸发，做到一播全苗。

1.5.3 肥料施用

基肥的作用是培肥地力，改善土壤物理性状，疏松土壤，有利于微生物的活动，及时供应苗期的养分，促进根系发育，为培育壮苗创造良好的环境条件。基肥应以有机肥与无机肥配合，氮肥与磷肥、钾肥及微肥配合施用。

1.5.3.1 施足基肥

施用基肥的数量，因肥料的种类和质量而异。一般亩施农家肥 2000～3000 kg，磷肥 20～25 kg、钾肥 5～8 kg 作基肥。基肥的施用应强调深施、早施、适量。

1.5.3.2 适时分期追肥

根据品种特性、土壤肥力、玉米需肥特性确定施肥时期和次数。一般南疆早熟品种第一次追肥应在小喇叭口期(展开叶 8 片)，此期玉米进入雌穗小花分化期，这时亩施尿素 15～20 kg。若分期追肥，第二次追肥应在抽雄前 8～10 天，每亩追施尿素 5～10 kg，条施或穴施。对于保肥性差的土壤要进行分期追肥，不要一次施肥量过大。

1.5.4 合理密植、增加收获穗数

根据生产条件、土壤肥力、品种特性，做到合理密植，使构成玉米产量的三要素(有效穗数、穗粒数、粒重)相互协调，增加收获穗数，挖掘群体增产潜力。

通过合理的种植方式决定适宜密度，改善群体结构，提高光能利用率，才能发挥密植的增产效果。密植栽培时，根据种植密度和种植行距来决定株距，一般计算公式为：

株距(m)＝亩/平均行距(m)/预留密度(株/亩)。

1.5.5 采用地膜栽培

地膜栽培改善土壤水分、热量情况，有利于复播玉米一播全苗和苗期生长，对复播玉米的增产效果明显。

采用 70 cm 的窄膜，种植方式采用 50 cm×50 cm 的等行方式，株距视密度而言，一般 20～25 cm。头水前及时揭膜，防止土壤污染。

1.5.6 加强田间管理，确保增产增收

1.5.6.1 苗期管理

(1)早查苗、早补苗

播种后 6～8 天及时检查出苗情况，查看是否有土壤板结，板结的土壤及时破除，以免影响正常出苗。出苗显行后，如果发现缺苗断垄，应及时补种，保证全苗。

(2)早间苗、早定苗

复播玉米普遍存在定苗偏晚或不定苗的粗放种植现象，对复播玉米产量影响极大。及时间苗、定苗是减少弱株率，提高田间整齐度，保证合理密度的重要环节。4～5 片叶时定苗，定苗时多保留计划密度的 5%。

(3)早中耕、除草、松土

出苗显行时，及时进行中耕松土，第二次中耕定苗前进行，最后一次中耕在追肥前结合除草进行，适当蹲苗培土，促进次生根生长，提高抗倒伏能力。

1.5.6.2 中后期管理

(1)分次追肥

南疆复播玉米第一次追肥应在小喇叭口期(展开叶 8

片），此期玉米进入雌穗小花分化期，亩施尿素 15～20 kg。第二次追肥应在抽雄前 8～10 天，亩追施尿素 5～10 kg，条施或穴施。对于保肥性差的土壤要进行分期追肥，不要一次施肥量过大。追肥一般采用条施或穴施，距玉米植株 10～15 cm 处开沟深施 10 cm 左右。

（2）灌水

及时灌头水（小喇叭口期，大约出苗后 20～25 天），灌水应选择无大风日进行，灌第二水的时间在头水后 10～15 天进行，保证生长发育正常，降低空秆率，提高单株生产力，全生育期浇水不少于 4 次。

（3）及时除草，改善通风、透光条件

生长后期及时防除杂草，割除空秆、无穗植株及生长发育缓慢的植株，改善田间通风透光，促进籽粒饱满。

1.5.7 及时收获

复播地膜玉米一般在 9 月底至 10 月初将陆续进入完熟期，当玉米籽粒变硬，出现黑层，表现出本品种色泽，苞叶变黄后要及时收获、摊晒，在籽粒含水量降至 14%以下时，入库贮藏。收获后的玉米秸秆仍保持青绿，可进行青贮。

第 2 章　玉米水肥管理技术

玉米是禾本科一年生草本植物，又名苞谷、苞米棒子、玉蜀黍、珍珠米等。原产于中美洲和南美洲，它是世界重要的粮食作物，广泛分布于美国、中国、巴西和其他国家。

2.1　玉米的养分需求特点及规律

玉米是需肥水较多的高产作物，一般随着产量提高，所需营养元素也增加。玉米全生育期吸收的主要养分中，以氮为多，钾次之，磷较少。

氮在玉米营养中占有突出地位。氮是植物构成细胞原生质、叶绿素以及各种酶的必要元素。因而氮对玉米根、茎、叶、花等器官的生长发育和体内代谢有重要的作用。玉米缺氮的特征是株形细瘦，叶色黄绿。首先是下部老叶从叶尖开始变黄，然后沿中脉伸展呈楔形，叶边缘仍呈绿色，最后整个叶片变黄干枯。缺氮还会引起雌穗形成延迟，甚至不能发育，或穗小粒少产量降低。

磷在玉米营养中也占重要地位，一方面磷是核酸、核蛋白的必要成分，而核蛋白又是植物蛋白细胞原生质、细胞核和染色体的重要组成部分。此外，磷对玉米体内碳水化合物代谢有很大作用。由于磷直接参加光合作用过程，有助于合成双糖、多糖和单糖。磷促进蔗糖在植株体内运输。磷又是 ATP 和 ADP 的组成成分。因此，对于能量传递和贮藏都起着重要作用。良好的磷素营养，可以培植玉米壮苗，扩大根系生长，这对养分、水分的吸收、抗寒抗旱特性都有实际意义。在生长后期，磷对植株体内营养物质运输、转化及再分配、再利用有促进作用。磷由茎叶转移到果穗中，参与籽粒中淀粉合成，使籽粒积累养分顺利进行。玉米缺磷，幼苗根系减弱，生长缓慢，叶色紫红；开花期缺磷，抽丝延迟，雌穗受精不完全，发育不良，粒行不整齐；后期缺磷，果穗成熟推迟。

钾对维持玉米植株的新陈代谢和其他功能的顺利进行也起着重要作用。因为钾能促进胶体膨胀，提高水合度，使细胞质和细胞壁维持正常状态，由此保证玉米植株多种生命活动的进行。此外，钾还是某些酶系统的活化剂，因此钾在碳水化合物代谢中起着重要作用。钾对玉米生长发育以及代谢作用的影响是多方面的。如对根系的发育，特别是须根形成，体内淀粉合成，糖分运输，抗倒伏、抗病虫害都起着重要作用。缺钾使玉米生长缓慢，叶片呈黄绿色或黄色。首先是老叶边缘及叶尖干枯呈灼烧状是其突出的标志，缺钾严重时，生长停滞，节间缩短，植株矮小，果穗发育不正常，常出现秃顶，籽粒淀粉含量降低，千粒重减轻，容易倒伏。

玉米对微量元素尽管需要量少，但仍不可忽视，特别是随着施肥水平提高，施用微肥增产效果更加显著。

硼能促进花粉健全发育，有利于授粉、受精、结实饱满。

硼还能调节与多酚氧化酶有关的氧化作用。缺硼时，在玉米早期生长和后期开花阶段植株呈现矮小，生殖器官发育不良，易成空秆或败育，造成减产。缺硼植株新叶狭长，叶脉间出现透明条纹，稍后变白变干，缺硼严重时，生长点死亡。

锌是对玉米生长发育影响比较大的微量元素。锌的作用在于影响生长素的合成，并在光合作用和蛋白质合成过程中，起促进作用。缺锌时，因生长素不足而细胞壁不能伸长，玉米植株发育甚慢，节间变短，幼苗期和生长中期缺锌，新生叶片下半部出现淡黄色，甚至白色。叶片成长后，叶脉之间出现淡黄色斑点，或缺绿条纹，有时中脉和边缘之间出现白色或黄色组织条带，或是坏死斑点，此时叶面都呈透明白色，风吹易折。严重缺锌时，开始叶尖呈淡白色泽，之后叶片突然变黑，几天后植株死亡。玉米中后期缺锌，使抽雄期与雌穗吐丝期相隔日期加大，不利于授粉。

玉米对锰较为敏感。锰与植物的光合作用关系密切，能提高叶绿素的氧化还原电位，促进碳水化合物的同化，并能促进叶绿素的形成。锰对玉米的氮素营养也有影响。

缺钼将减低硝酸还原酶的活性，妨碍氨基酸、蛋白质的合成，影响氮正常代谢。

铜是玉米植株内抗坏血酸氧化酶、多酚氧化酶等的成分，因而能促进代谢活动。铜与光合作用也有关系，铜又存在于叶绿体的质体蓝素中，它是光合作用电子供求关系体系的一员。

在不同的生育阶段，玉米对氮、磷肥的吸收是不同的。一般玉米苗期（拔节前）吸氮量占总量的 2.2%，中期（拔节至抽穗开花)是51.2%,后期(抽穗后)46.6%,玉米对磷的吸收,苗期占吸收量的1.1%,中期占63.9%,后期占35.0%;玉米对钾的吸收,在拔节后迅速增加,而且到开花期达到高峰,吸收速率大,容易导致供钾不足,出现缺钾症状。

研究表明,秋玉米苗期对氮的吸收量只占总氮量的2.14%;拔节孕穗期占总量的32.20%;抽穗开花期占总量的18.95%;籽粒形成阶段占总量的46.70%。秋玉米对磷的吸收,苗期吸收量占总量的1.12%,拔节孕穗期吸收量占总量的45.04%,抽穗受精和籽粒形成的阶段,吸收量占总量的53.84%。玉米对钾的吸收,秋玉米与夏玉米基本相似,在抽穗前有70%以上被吸收,抽穗受精时吸收30%。玉米对氮、磷、钾三要素的吸收量都表现为苗期少,拔节期显著增加,孕穗至抽穗期达到最高峰的需肥特点。

玉米苗期生长缓慢,只有施足基肥,施好种肥,才可满足其需要;拔节以后至抽雄前,茎叶旺盛生长,内部的穗部器官迅速分化发育,是玉米一生中养分需求最多的时期,必须供应较多的养分,达到穗大粒多;生育后期,植株抽雄吐丝和受精结实后,籽粒灌浆时间较长,仍须供应一定量的肥水,使之不早衰,确保正常灌浆。春玉米全生育期较长,前期外界温度较低,生长较为缓慢,以发根为主,栽培管理上适当蹲苗,需求肥水的高峰比夏玉米来得晚,到拔节、孕穗时对养分吸收开始加快,直到抽雄开花达到高峰,在后期灌浆过程中吸收数量减少。春玉米需肥可分为2个关键时期,一是拔节至孕穗期,二是抽雄至开花期。因此,玉米施肥应根据这些特点,尽可能在需肥高峰期之前施肥。

2.2 玉米的施肥技术

根据南疆地区玉米生产施肥的现状，确定以“稳氮、增磷、补钾”为基本原则，积极改进施肥技术，实行测土配方施肥、增施有机肥，改底肥“一炮轰”施肥为旱地两次、水地三次分次施肥，改重施氮肥为氮、磷、钾肥配合施用，改不施或少施钾肥为增施钾肥。

播种前要整地施肥。提倡深翻最好秋翻，春耕秋备，春害秋防，春旱秋抗。建议施农家肥 15 t/hm^2，机械收割的地块，秸秆腐熟还田，提升土壤有机质。具体做法：收割机将玉米秸秆切成 10 cm 左右的小段，使其均匀覆盖于地表，将腐熟剂 45 kg/hm^2、尿素 75 kg/hm^2 和适量的细沙土混合均匀撒在秸秆上，深翻 25～30 cm，趁秸秆青绿、含水量 30%以上时，将秸秆深埋于土中，注意保持土壤含水量，适宜湿度有利于秸秆腐熟。非机械收获地块，最好采用秸秆地头集中堆沤的模式来提升有机质。具体做法：将秸秆集中到地头或地边低洼的地方，按含水量 60%的标准，使秸秆吃足水分，将秸秆堆成 1.5 m 宽，长度不限的秸秆堆，每堆 0.2～0.3 m 厚，将上述混合的腐熟剂撒在上面，当堆至 1.5 m 高后拍实，用泥土或塑料压实封闭，待腐熟后施到地里，每公顷可节省 10%的化肥用量，改善土壤质地，提高玉米产量和品质。整地要结合气温、雨水等天气状况而进行，一般秋翻比春翻好，早翻比晚翻好，化肥施用量要根据测土配方施肥系统中的土壤化验数据，结合自家地块，参考系统中的建议施肥方法，科学地进行肥料选择和配比，做到化肥、有机肥混施，速效肥、缓效肥配施。测土配方施肥可降低投入成本，减少不必要的肥料浪费，减少污染。现在，劳动力缺乏，人工费高，加之科技进步等因素，玉米种植管理粗放化，很多农民采取一次性施肥。建议保水、保肥性好的土壤，可采用一次性施肥，选用高效缓控释肥料、碳基肥料等新型肥料，最好选大厂家、工艺先进的肥料。中低肥力地块尽量不要采用一次性施肥。

2.2.1　施肥种类

2.2.1.1　基肥

基肥占总肥量的50%左右，过磷酸钙或其他磷肥应与有机肥(有机肥料指农家肥。在有机肥料中，含有大量的有机物和微生物，能够有效地改善土壤的肥力和土壤的物理特性，从而促进玉米的高产)堆沤后施用。基肥一般条施或穴施。播种时施适量的化学氮肥作种肥，对壮苗有良好的效果。一般每亩施硫酸铵或硝酸铵5～7 kg为宜。微量元素肥料用于拌种或浸种，用硫酸锌拌种时，每1 kg种子用2～4 g，浸种多采用0.2%的浓度。

2.2.1.2　种肥

播种时施用的肥料，称为种肥。对壮苗有良好效果。一般每亩施硫酸铵或硝酸铵5～7 kg和钾肥5～6 kg，混合施于播种穴内，且应尽量把种肥与种子隔开，以防烧种影响出苗。

2.2.1.3　增施锌肥

土壤缺锌适当施用锌肥。玉米是对锌敏感的作物，对缺锌地块及高产地块，可每亩基施 1～2 kg 硫酸锌，或每千克种子用 2～3 g 硫酸锌以少量水溶解后喷于种子上进行拌种，也可在苗期至拔节期用 0.05%～0.10%硫酸锌溶液连喷 2～3 次。

2.2.1.4 注意磷肥后效

磷肥后效较长，如果前茬作物(冬小麦、油菜等)施磷量较多，夏玉米播种时或生育期可以适当减少磷肥用量甚至不施磷肥(亩产 500 kg 以下地块)。

2.2.1.5 施用生物菌肥

近年来生物菌肥在种植玉米的过程中发挥着越来越重要的作用。在生物菌肥中，不但含有大量的固氮活性菌、解磷活性菌以及解钾活性菌，还含有有机质、腐殖酸以及各种微量元素。因此，通过生物菌肥的施用，不但能够有效地节约其他肥料的使用量，还能够有效地促进玉米的生长发育，从而确保玉米的稳产和高产。在玉米的任何生长阶段，都可以施用生物菌肥。目前，金宝贝菌肥是应用较为广泛的生物菌肥产品。

2.2.1.6 追肥

(1)苗肥

苗肥主要是促进发根壮苗，奠定良好的生育基础。苗肥一般在幼苗 4～5 叶期施用，或结合间苗(定苗)、中耕除草施用，应早施、轻施和偏施。整地不良、基肥不足、幼苗生长细弱的应及早追施苗肥；反之，则可不追或少追苗肥。对于套种的玉来，在前作物收后立即追肥，或在前作物收获前行间施肥，以促进苗壮。

(2)拔节肥

拔节肥是指拔节前后7～9叶期的追肥，生产上又称攻秆肥。这次施肥是为了满足拔节期间植株生长快，对营养需要日益增多的要求，达到茎秆粗壮的目的。但又要注意不要营养生长过旺，基部节间过分伸长，易造成倒伏。所以，要稳施拔节肥。施肥量一般占追肥量的20%～30%。肥料以腐熟的有机肥为主，配合少量化肥，一般每亩施腐熟堆、厩肥1000 kg，或复合肥7～10 kg，应注意弱小苗多施，以促进全田平衡生长。

(3)穗肥

穗肥是指雄穗发育至四分体期，正值雌穗进入小花分化期的追肥。这一时期是决定雌穗粒数的关键时期，距抽雄10～15天，一般中熟品种展开叶9～12片，可见叶数14片左右，此时植株出叶呈现大喇叭的形状。因此，这次追肥是促进雌穗小花分化，达到穗大、粒多、增产的目的。所以，生产上也称攻穗肥。穗肥一般应重施，施肥量占总追肥量的60%～80%，并以速效肥为宜。但必须根据具体情况合理运筹拔节肥和穗肥的比重。一般土壤肥力较高、基肥足、苗势较好的，可以稳施拔节肥，重施穗肥；反之，可以重施拔节肥，少施穗肥。

(4)粒肥

粒肥的作用是养根保叶，防止玉米后期脱肥早衰，以延长后期绿叶的功能期，提高粒重。一般在吐丝初期追施。粒肥应轻施、巧施，即根据当时植株的生长状况而定。施肥量约占总追肥量的5%左右。如果穗肥不足，发生脱肥，果穗节以上黄绿、下部叶早枯的，粒肥可适当多施，反之，则可少施或不施。

2.2.2 分次施肥

玉米不同生育阶段对氮、磷、钾吸收速度和需求量有很大差异。玉米对氮的吸收是比较平稳的，吸收高峰在抽雄吐丝期，穗期氮素吸收量占总吸收量的 53%以上。灌浆成熟阶段吸收速度减慢。玉米在整个生育期中都吸收氮肥。玉米对磷的吸收也是在抽雄开花期达到高峰，磷肥的吸收量分别占总吸收量的 63%，后期吸磷下降，但玉米苗期对磷特别敏感，如果苗期缺磷，即使以后补施，也挽回不了苗期缺磷所造成的影响。玉米对钾的吸收，以拔节至孕穗期最多，开花期达到最高峰，以后停止对钾的吸收，靠植物体内的钾素再分配。

根据多点调查结果，玉米一次性施肥面积占玉米播种面积的 55%以上，极易造成生育后期脱肥现象，影响化肥利用率的提高。与习惯的“一炮轰”施肥相比，分次施用氮肥对玉米株高、穗长和产量具有明显的正效应，对秃顶具有明显的抑制作用。追肥效果三次追肥＞两次追肥＞一次追肥。旱作雨养区氮肥施肥比例为底肥的 60%、大喇叭口期追肥 40%；补充灌溉区氮肥施肥比例为底肥施 30%、拔节肥追施 20%、孕穗肥施 40%、灌浆肥施 10%，可以有效防止肥力渗漏流失，解决后期脱肥问题。

第一次追肥由 7 叶 1 心后移至 9 叶 1 心期，便于蹲苗，防止倒伏；第二次追肥在 13 叶 1 心，促进生殖器官生长；第三次施肥在吐丝后 10 天，利于籽粒灌浆，提高千粒重。此三次追肥是玉米生长发育的关键环节。适时追肥是获得高产的前提。同时，在施肥中通过增施微量元素，可以提高籽粒产量和籽粒品质，一般可亩施锌肥和硼肥各 1 kg，均作为底肥施入。

2.2.3 施肥方式

2.2.3.1 一次性施肥方式

① 推荐配方肥建议选用复合肥（N-P_2O_5-K_2O 含量配比为 28∶7∶9）或相近配方复合（混）肥，全部作基肥一次性施用，或苗期一次性追肥。

② 推荐用量将玉米产量水平分为≤400 kg/亩、401～500 kg/亩、501～600 kg/亩、>600 kg/亩 4 个区间，对应的基肥推荐用量分别为 24～30 kg/亩、31～40 kg/亩、41～47 kg/亩、48～54 kg/亩。

2.2.3.2 基肥、追肥结合方式

推荐配方肥建议选用复合肥（N-P_2O_5-K_2O 含量配比为 22∶9∶9）或相近配方复合（混）肥（非缓控释），宜采用基肥、追肥结合的施肥方式，氮肥总量的 1/3 和全部磷肥、钾肥作基肥（或苗期作追肥）施用，其余 2/3 氮肥在大喇叭口期追施。

2.2.4 玉米高产施肥技术要点

2.2.4.1 基肥施放要点

具体来说，基肥一般在玉米种子播种或移栽的过程中使用，但是在使用过程中，种植人员需注重以下两点内容：(1)种植人员在施用基肥时，要做好肥料的比例分配，以具有迟效性的肥料为主，辅以速效性肥料；(2)种植人员在施用基肥时，可用堆肥、家畜粪等作为基肥材料，但是在施用

这些肥料后，还可将秋耕的秸秆作为肥料进行使用。

2.2.4.2 苗肥施放要点

种植人员在进行玉米幼株培育的时候，还要注重苗肥的施放工作。一般来说，玉米幼株较弱，对肥料的需求量也较少，所以种植人员对幼株的施肥量不宜过大，但是，若施肥量太少也会导致玉米生长出现养分不足现象，从而使得幼苗色淡、生长受限。因此，种植人员在进行苗肥施放时要注意以下三点内容：

① 种植人员可选择人畜粪尿、速效氮肥作为主要苗肥。

② 种植人员在对幼株进行施肥时，可使用少量多次的施肥方法。

③ 种植人员在施肥时，一旦出现玉米苗株叶色变深的状况，则要立即停止施肥。

2.2.4.3 壮秆肥施放要点

在进行玉米高产施肥时，壮秆肥的施放也是非常重要的一环。壮秆肥不仅能够使玉米的茎秆变得更加强壮，还能够促进玉米雌雄穗的分化。但是，种植人员在进行壮秆肥施放时，注意不能施肥过量，一旦施肥过量，就会造成玉米在后期生长过程中出现倒伏问题。总的来说，壮秆肥的施用量不能超过总肥量的10%。

2.2.4.4 穗肥施放要点

施用穗肥的主要目的是促进玉米雌雄穗分化，从而使玉米能够达到高产要求。在穗肥的施放过程中，要注意以下两点内容：

① 种植人员在施用穗肥时，要以速效氮肥为主，并且

施用量一般不超过总施肥量的一半。

② 种植人员要注重穗肥的施放时间和用量，具体可根据土壤肥力和玉米生长状况进行调整，在土壤肥力一般、玉米生长缓慢的时期，就可以将穗肥的施肥时间提前，并且增加穗肥的施用量，而当种植区域土壤比较肥沃且玉米长势较好时，则可以适当延迟施肥时间，并适当减少穗肥的施用量。

2.2.4.5 微肥施放要点

在进行玉米施肥工作时，如种植区域的土壤酸碱过量，就很容易导致土壤缺乏微量元素，从而造成玉米种植产量低下。因此，种植人员还要做好微肥的施放工作，以保障玉米种植的产量。种植区域土壤若缺少锌元素，则要进行锌肥的施放工作，种植人员可以向玉米叶面喷施 0.05%～0.10%硫酸锌溶液。

2.3 玉米的科学灌溉

2.3.1 播种期

玉米播种后需要从土壤中吸收种子绝对干重 50%的水分才能萌动发芽，但是从播种到出苗这一时期气温低，田间蒸发量小，需水量仅占总需水量的 3.1%。因此，播种时耕层土壤的田间持水量必须保持在 60%～70%，才能保证良好的出苗。当沙土含水量＜12%、壤土＜16%、黏土＜20%时，需浇水，以确保全苗。

2.3.2 幼苗期

玉米在出苗到拔节期间,由于田间温度低,生长缓慢,植株矮小,叶面蒸腾量小,所以耗水量也不大,在幼苗全生育期内需水量约占总耗水量的 19%。玉米栽培在这一时期要控制土壤墒情,对玉米实施"蹲苗"抗旱锻炼,促进根系向纵深方向发展,扩大根系对肥水的吸收范围,增强玉米生育中、后期植株的抗倒伏能力。因此,幼苗期除了当底墒特别不足需要浇灌外,一般情况下土壤水分保持在田间持水量的 60%左右最佳。

2.3.3 拔节孕穗期

玉米进入拔节期以后,植株由营养生长进入营养生长与生殖生长并进时期。一方面,植株的茎和叶生长迅速,叶面增长量很大;另一方面,雌穗分化形成开始,干物质积累增加;同时由于气温的逐渐升高,叶面蒸腾强烈。这一时期玉米对水分的要求较高,此时的需水量约占总需耗水量的 25%左右,单位面积上日耗水量很大。该阶段中如果自然降水不能满足玉米需水的要求,必须进行人工灌溉补给。

(1)拔节水

拔节期灌水不宜大水漫灌,提倡浇暗水(隔行浇水法),以免引起茎秆生长过旺,提高结穗部位,降低抗倒能力。一般以土壤水分保持田间最大持水量的 65%~70%为宜。

(2)攻穗水

孕穗期是玉米需水临界期,要及时结合追肥进行灌水,既能防治"卡脖旱",又可增强叶片光合强度,缩短雌雄穗出现的时间,提高花粉活力,减少果穗秃尖。一般以土壤水分保持田间持水量的70%～80%为宜。

2.3.4 抽穗开花期

玉米雄穗抽出后,茎叶增长即渐趋停止,玉米的生理活动进入开花、授粉、结实阶段。玉米抽穗开花期植株体内新陈代谢过程旺盛,对水分的反应极为敏感,加上气温高、空气干燥,使叶面蒸腾和地面蒸发加大,此时玉米进入需水最高峰,即玉米需水的"临界期"。虽然抽穗开花期只占全生育期的10%左右,需水量却占总耗水量的30%以上。因此,这一阶段的土壤水分应保持田间持水量的80%左右。该时期土壤水分状况很重要,是促进玉米增产的关键。如果这时天气干旱,土壤墒情差,就会缩短花粉的寿命,推迟雌穗抽丝的时间,造成花期不遇或雄性不育,导致严重减产。

(1)穗开花水

抽穗开花是玉米一生需水的关键期和临界期,耗水强度大。此时土壤水分应保持田间最大持水量的80%,不得低于70%。

(2)攻粒水

攻粒水即灌浆水,玉米授精进入灌浆期后,日耗水强度下降,但因时间长,需水量较大,此期土壤水分保持田间最大持水量的70%为宜。

2.3.5 灌浆成熟期

玉米进入灌浆和蜡熟的生育后期时,仍然需要相当多的水分才能满足生长发育的需要。这时的需水量仅占总需耗水量的22%左右。玉米受精以后，需水可分为两个阶段，一是从灌浆到乳熟末期，是玉米需水的重要时期。玉米灌浆时茎叶积累的营养物质主要通过水分作为媒介向籽粒中输送，需要大量的水分才能保证营养运输的顺利进行。此时干旱就会造成籽粒薄、千粒重下降、产量低，水分对产量的影响仅次于抽雄期。这期间维持土壤水分在田间持水量的70%就可以满足植株后期生理的需要。二是玉米蜡熟期以后。由于气温下降，日照时间缩短，地面蒸发减弱，植株逐渐衰老，因此，耗水量也逐渐减少。但该期间最好维持土壤水分在田间持水量的70%，这样不仅可避免植株的过早衰老枯黄，而且能够保证养分源源不断向籽粒输送，使籽粒充实饱满，增加千粒重，达到高产的目的。

若后期降水量过多，易造成土壤通气不良，根系缺氧，植株提早枯死，粒重、产量降低。因此，后期遇雨要做好排涝工作。

2.4 玉米的节水灌溉

水分资源亏缺一直是南疆地区作物生长的主要限制因素，在可补充灌溉区，节水灌溉方法上除应用滴灌、喷灌等节水灌溉设施外，在大田灌溉过程中可改大畦为小畦，改长畦为短畦，改大水漫灌为小畦匀灌，改全田灌溉为隔沟分根交替灌溉等节水灌溉，在灌水时间上主要应把握好玉米需水的关键时期，浇好关键水。

玉米生长期间需水量的多少与品种、自然环境、土壤状况及栽培技术等有关。一般每亩玉米的需水量在150～360 m^3。玉米种子萌发时的需水量，仅为种子本身重量的50%。幼苗期间，由于植株矮小，生长比较缓慢，叶面蒸发量较少，需水量是比较少的。从播种到拔节，春玉米平均每日每亩需水量为1.2～1.6 m^3。这一阶段土壤表层干燥，根系要吸收比较深层的水分，有利于玉米根系生长；相反，如这时土壤表层水分过多，则不利于根系发育。玉米拔节以后，随着植株迅速生长，需水量也逐渐增加。从拔节、抽穗到籽粒灌浆期间的需水量，占到整个生育期间总需水量的50%以上。因此在玉米灌溉过程中要注意保证浇好4次关键水。即保证出苗水，巧灌拔节水，灌好抽雄水，饱灌升浆水。要保证一播全苗，播种时耕层土壤相对含水量应不低于80%，否则及时灌水。灌水时间可在麦收前浇灌麦黄水，或播后浇灌压茬水。巧灌拔节水，拔节期(7叶展)要求土壤相对含水量不低于70%，否则就应灌水。灌好抽雄水，抽雄开花期要求土壤相对含水量不低于80%，否则就应灌水。饱灌升浆水，升浆成熟期要求土壤相对含水量不低于75%，否则就应灌水。

2.5 施肥注意事项

2.5.1 选好肥料品种

可选用配方肥或复混肥。选用非三元素肥料品种时，最好选用磷酸二铵、尿素、硫酸钾等高含量品种，这些肥料利用率相对较高。

2.5.2 提高肥料利用率

大力提倡秸秆还田，积极推广前茬作物秸秆腐熟还田技术，增施有机肥或生物有机肥，推广应用缓释型复合(混)肥、水溶性等新型肥料和中量、微量元素肥料，优化肥料品种结构，以大幅度提高当季肥料利用率。若基肥已施用有机肥，可酌情减少化肥用量。

2.5.3 注意施肥方法

推广玉米化肥机械穴施与深施技术，追肥应在距植株 7 cm 左右处穴施，深度 7～10 cm，严禁距离玉米苗过近，严禁生育期撒施肥料，以防发生烧苗、烧叶现象。

2.5.4 水肥配套苗期保持适当干旱，以促进发根，增强抗旱能力

开花至乳熟期是玉米需水临界期，遇干旱要及时浇水促生长发育，遇雨涝要及时排水防倒伏。尽量采用渗灌、管灌、喷灌、微灌、滴灌等节水灌溉形式，以保持田间水分适宜，每次每亩浇水量以 40～60 m^3 为限额。依据田间苗情和土壤墒情，通过以水调肥或控水抑肥，促进玉米经济产量形成。

2.5.5 叶面补肥

灌浆期可用 1%尿素溶液或 0.5%～1.0%磷酸二氢钾溶液，于晴天下午 4 时后采用植保无人机进行叶面喷施，一般增产增收效果明显。

第 3 章　玉米有害生物及其防治技术

3.1　玉米病害

3.1.1　玉米霜霉病

3.1.1.1　分布与危害

玉米霜霉病又称白苗病，属霜霉科，主要由玉蜀黍霜指霉、甘蔗霜指霉、菲律宾霜霉及高粱霜指霉 4 种真菌引起，这 4 种真菌都属于真菌中比较特殊的卵菌，并且是专性寄生菌，主要寄生在禾本科植物上，包括玉米、高粱、须芒草等，为侵染性病害。该病主要发生在热带、亚热带地区，于 1974 年在我国山东省首次发现，后来发展迅速，目前在江苏、四川、重庆、云南、山东、宁夏、河北、新疆、辽宁、甘肃、湖北、北京、安徽、山西、陕西、青海、内蒙古和台湾等 18 个省(自治区、直辖市)已有发生，在局部地区已经造成了严重损失。玉米霜霉病是一种毁灭性的病害，一旦发生很难控制，一般产量损失 15%～40%，严重时可绝收。玉米霜霉病病菌是在积水条件下侵入寄主，主要危害玉米叶片、叶鞘、苞叶、雄穗和雌穗等部位，从苗期到成株期均可发病。

3.1.1.2 症状表现

玉米感染霜霉病后，叶片出现斑驳，呈条纹或条斑，条纹呈淡绿色、淡黄色、苍白色或紫红色，宽度不等，和玉米叶片的叶脉平行，随着病情加重，玉米叶片会变褐枯死；叶脉不规则，生长较慢，节间缩短，植株矮化，后期不能正常抽穗或雄穗畸形。病苗高 20～30 cm 时，可形成分蘖，有时 1 株有 6～10 个分蘖，叶片变窄，质地坚韧，叶鞘表面呈疣状，正常的花序全部或部分成为变态丛生小叶，使雄穗呈大头状，即“病顶”。上部叶和心叶紧卷，严重扭曲成不规则团状或牛尾巴状，植株不抽雄。果穗发育不良，重者果穗内部全为苞叶，穗成多节茎状，不结实，有的病株疯长，头重脚轻，易折断。各种霜霉病菌引起的症状有时因病原菌种类和环境条件变化而有所不同。

3.1.1.3 发病规律

玉米霜霉病是一种专性寄生菌，以植株茎秆内的卵孢子、种子内的菌丝体及杂草上的游动孢子囊越冬。卵孢子致病力持续时间较长，在条件适宜的情况下生活力能达到 14 天。带病种子是玉米霜霉病传播的主要条件。病菌一般先侵入玉米叶片，再经过叶鞘进入茎秆，在茎端寄生，再发展到嫩叶上。湿度是玉米霜霉病发生的关键因素，湿度高时比较有利于游动孢子囊的形成和侵染。种植密度较大的玉米地块、重茬地块等较易发病，一般马齿型品种比硬粒型的品种要抗病。

3.1.1.4 防治措施

(1)植物检疫

加强生产基地植物检疫和防控工作，不从疫区调种，严格控制疫区种子外流，切断种子带菌远距离传播途径。

(2)农业防治

① 选用抗病品种。在疫区，应加速选育和利用抗病品种，加强玉米品种资源的抗病性鉴定，防止新的致病类型的产生，玉米品种之间抗病性差异具有显著的效应。

② 适时播种。北方地区春玉米在惊蛰前播种，尽量错开玉米感病生育期和适宜霜霉病发病的环境条件。

③ 清除田间病残体。玉米收获后彻底清除并销毁病残体，以防病菌扩散，铲除田边寄主杂草，减少田间病菌量。注意采取轮作、倒茬、深耕灭茬、适期播种、合理密植和科学施肥等措施，合理密植能避免因密度过大，通风透光差，株间湿度大而发病。

④ 搞好田间排水，防止苗期积水。在病区浇水时，应控制在玉米 3 叶期以后，地势低洼地应防止大水漫灌，及时排除田间积水、降低土壤湿度。

(3)化学防治

① 种子处理。选用抗病无菌品种，特别是应加速霜霉病发生区抗病品种的选育和利用。播种前进行种子处理，用 35％瑞毒霉拌种剂，按种子重量的 0.3％拌种，或用 50％多菌灵 1∶800 倍液浸种 24 小时，对霜霉病都有较好防病作用。

② 药剂防治。发病初期用 50％瑞毒霉 100 g 兑水 100 kg，或用 1∶1∶150 的波尔多液喷雾，每隔 7 天喷 1 次，连喷 2 次，若先拔除病株后喷药，防治效果更好；或可用 60％灭克锰锌可湿性粉剂 80～120 g/亩，兑水 50 L/亩均匀喷雾，防效可达 30％～50％。

3.1.2 玉米黑穗病

3.1.2.1 分布与危害

玉米黑穗病属于真菌担子菌亚门、黑粉菌目、轴黑粉菌属,丝轴黑粉菌,是玉米种植期间经常发生的病害类型之一,在我国各玉米产区均有发生。玉米黑穗病属于系统性的侵染病害,在抽穗后会出现较为典型的症状,如玉米的果穗较为短小、不会吐花丝,除苞叶外整个玉米果穗都会变成一团黑粉。黑粉在飞散会后露出丝状的寄主维管束组织。玉米穗有时也会形成黑粉包,但是一般只发生在小穗部分。在种植感病寄主和土壤有足够菌量时,播种后至幼苗5叶期土壤的温湿度成为病菌侵染多少的主要因素,因此在春播、早播、土壤偏干和冷凉山区发病频率较高。除此之外,品种抗性有明显差异。长期连作感病品种,由于会增加土壤菌量,可加重病害的流行。

3.1.2.2 症状表现

玉米黑穗病发病之后,会在玉米第4叶片和第5叶片的上缘中脉出现圆形和长方形的褪绿色斑块,直径大小在1～2 mm。玉米进入穗期之后,会在雌穗和雄穗上出现典型症状,患病雄穗花絮变黑,花器变形,叶片变得越来越长,呈现片状,发病中后期之后菌瘿破裂散落黑粉。患病的雌穗不能正常生长,相对于健壮的玉米穗部较短,下部膨大,顶部较尖。发病后期整个玉米穗被一团黑褐色的粉末包裹,中间夹杂着很多丝状物,有时会导致苞叶变得狭小,生长畸形。

3.1.2.3 发病规律

玉米黑穗病的病原菌主要以病穗、混入粪肥、黏附在种子表面等方式存活，第2年成为主要的传染源。自然条件下，病原菌能够在土壤中存活2～3年。玉米播种发芽之后，致病菌通过萌芽侵入组织内部，侵入到组织内部的致病菌会蔓延到玉米的生长点，最终进入到花器组织。当玉米进入孕穗期之后，会在雌穗和雄穗当中形成大量的黑粉，玉米收获之后，黑粉再次落入到土壤植株种子或者杂草上越冬，使得种植地上的病害反复流行。

3.1.2.4 防治措施

(1)农业防治

① 选择抗病能力较强的玉米品种。结合当地的实际情况与玉米病害历史，做好玉米品种选择工作。

② 合理轮作。避免长期连作，与棉花、花生、大豆等作物实行3年以上轮作。

③ 清洁田园，精细整地。拔除田间杂草病株，深埋或烧毁，减少侵染源；深翻土壤，提高土壤地力。

④ 合理调整播期。适时播种，合理密植，培育壮苗，提高植株抗病能力。

⑤ 加强肥水管理。增施磷肥、钾肥，施用腐熟农家肥料，雨后中耕除草，避免土壤板结。

⑥ 及时拔除病苗、弱苗。减少病菌危害。

(2)化学防治

① 进行种子消毒，播前晒种。利用50%多菌灵可湿性粉剂、70%甲基托布津可湿性粉剂拌种进行种子消毒，能够有效提高玉米抵抗黑穗病的能力。

② 植株生长至4～5片叶时，喷施75%百菌清可湿性粉剂800倍液，或50%多菌灵可湿性粉剂600倍液，每7天喷施1次。在玉米抽穗前10天喷施75%甲基托布津可湿性粉剂600倍液。

3.1.3 玉米瘤黑粉病

3.1.3.1 分布与危害

玉米瘤黑粉病属担子菌亚门、冬孢纲、黑粉菌目。在我国西北、东北、华北等地区常会造成重大损失。玉米瘤黑粉病冬孢子能够侵染玉米根、茎秆、叶鞘、果穗等，侵染部位不同所造成的减产也是不同的。当玉米胚珠被侵染了，往往导致绝产，而其他部分被侵染则会导致菌瘿跟果穗争抢营养，这样就会大量消耗玉米植株的养分，导致玉米植株秸秆发育不结实，从而导致减产。当玉米植株被侵染后成为病株，减产程度跟植株感染时期以及感染菌瘿的部位有关。如果玉米植株多个部分被感染了，并且形成的玉米瘤比较大，很容易导致玉米植株发育矮化甚至早期死亡。被玉米瘤黑粉侵染之后，玉米结出了果穗，果穗较小，颗粒不饱满，因此会影响玉米的产量以及品质。

3.1.3.2 症状表现

玉米瘤黑粉病在其生长的各个阶段均可以传播和发生，但是感染阶段主要在玉米的抽穗环节，也就是幼嫩组织中。在玉米抽穗前的10～14天发病较为常见，在抽穗阶段的茎、叶、叶鞘、雌穗、雄穗和气生根均会受到病毒影响，病变位置的典型表现为肿瘤，病瘤的颜色在初期为银白色，有明显的光泽。病瘤内部有白色汁液，生长速度迅猛，对着玉米生长阶段能够冲破苞叶而外露。在此之后，病瘤的表面颜色逐渐变暗，其中略带紫红色斑点，内部由白色转化为黑色。当病瘤中的水分降低之后，则能够看出其中包含着大量灰黑色粉末，也就是瘤黑粉病菌的冬孢子。

果穗发病可部分或全部变成较大肿瘤，叶上发病则形成密集成串小瘤，苗期发病常在幼苗茎基部生瘤，病苗茎叶扭曲畸形，明显矮化，可造成植株死亡。成株期发病，叶和叶鞘上的病瘤常为黄、红、紫、灰杂色疮痂病斑，成串密生或呈粗糙的皱褶状，在叶基近中脉两侧最多，一般形成冬孢子前就干枯，所以多不生黑粉，茎上大型病瘤生于各节的基部，多为腋芽，受侵染后病菌扩展，组织增生，突出叶鞘而成。

3.1.3.3 发病规律

病菌以冬孢子在土壤中及病残体上越冬，成为次年初侵染源，种子上黏附的冬孢子对远距离传播有一定作用。在春夏交接时间，温度与湿度对玉米生长具有良好的促进作用，也为病菌滋生创建了良好的条件。在病菌经历了一个冬天之后，随着降水或者风落在新生的玉米嫩芽上，遇到水分之后能够快速萌发，侵入玉米的生长组织内，当病瘤形成之后再次感染其他玉米。

玉米地多年连作，田间积累大量冬孢子，则发病严重，玉米收获后立即翻耕，有利于降低病原菌数量和成活率，因而较不翻地发病轻。玉米瘤黑粉病并不存在休眠期，但是在萌发和传播阶段需要良好的传播环境，温度和湿度都应当保证在较为舒适的区间。而在玉米生长过程中，温度、湿度、降水、施肥等工作会造成玉米抵抗病虫害的能力减弱，或者是受到恶劣天气影响的情况下，玉米表面出现明显伤痕，也成为病菌传播通道，加重病害发生。

在玉米收获之后，瘤黑粉病菌隐藏在秸秆、土壤中度过冬天，第二年春天，在温度适宜的阶段，约为 23～26 ℃，残留在土壤和秸秆中的病菌则会出现二次萌生，产生担孢子和次生担孢子。这两种物质在降水、大风环境下在玉米田间随意飘动，落在玉米的幼嫩组织或心叶叶旋内，加之春季里丰富降水的帮助，会出现二次萌发，由玉米的伤口入侵到组织中，生长为病瘤。在病瘤生长成熟之后破裂，随着气流变化和降水传播，继而影响玉米田。

3.1.3.4 防治措施

(1)农业防治

① 选用抗病品种。结合当地的实际情况与玉米病害历史，做好玉米品种选择工作。

② 深翻土地，消灭菌源。秋季深翻土地，破坏菌源越冬场所，玉米收获后及时清除田间病株残体，在玉米生长期发现菌瘤，要在早期拔除病株，带出田间销毁或深埋。否则，菌瘤成熟后，黑粉会随风雨传播，再度侵染。

③ 轮作。玉米瘤黑粉病病原菌主要在土壤中越冬，所以实行轮作倒茬是防治玉米瘤黑粉病发生的主要措施，尤其发病严重地块，应 2～3 年轮作 1 次。

④ 加强田间管理。适期播种，以促进玉米早出苗、出壮苗，增强植株抗病性，减轻病害发生。

⑤ 合理密植。加强田间通风透光，在玉米抽雄前后适时浇水，防止地块干旱。

⑥ 合理施肥，适时灌水。注意均衡施肥，施用充分腐

熟的农家肥，避免偏施氮肥，防止植株贪青徒长，不同生育时期适当施用锌、硼等微肥。

(2)化学防治

① 种子处理。药剂拌种或种子包衣能抑制种子所带的病菌，对种子萌发时土壤带菌的侵染也能起到一定的防治作用。用50%福美双可湿性粉剂200～300 g拌玉米种子100 kg；用3%苯醚甲环唑悬浮种衣剂200～300 g拌玉米种子100 kg；用2%戊唑醇湿拌种剂150 g拌玉米种子100 kg。

② 土壤消毒。玉米在播种后至出苗前，选用15%三唑酮可湿性粉剂750～1000倍液，或10%苯醚甲环唑水分散粒剂2000～2500倍液等进行地表喷雾封闭，减少玉米瘤黑粉病初侵染源。

③ 药剂喷施。在玉米植株未发病、肿瘤未出现前，提前喷施药剂防治，一般用15%三唑酮可湿性粉剂750～1000倍液，或50%克菌丹可湿性粉剂200倍液，在玉米拔节期至喇叭口期，喷施2～3次，在防治瘤黑粉病的同时可兼治其他病害。

3.1.4 玉米线虫病

3.1.4.1 分布与危害

玉米线虫病属植物寄生线虫。线虫寄主范围广，能为害14科80多种植物。其主要寄生在玉米根部，对玉米根部造成破坏。玉米根线虫呈圆筒状，有2个唇环，后阴子宫囊短，并且不分化，受精囊卵呈圆形。玉米根线虫的尾部呈宽圆形，并且无环。玉米根线虫的雌虫具有4条刻线，而雄虫则很少有刻线出现。对玉米危害较大的线虫主要包括 2 种,一种为根结腐线虫,另一种为根结线虫。就根结腐线虫而言,其会导致玉米根系产生褐色病斑,严重时会导致玉米的根系发生腐烂,进而导致玉米植株枯死。就玉米根结线虫而言,其会导致玉米根系根结肿瘤,进而影响根系对水分和养分的吸收,影响玉米健康生长。

3.1.4.2 症状表现

在发生玉米根线虫病害的区域,玉米的根系发育会受到影响,导致玉米根系发育缓慢,玉米根的数量会有明显的减少,玉米植株会出现生长不良的情况。如果玉米根线虫病害较重,则会导致玉米的叶尖部分出现枯黄,严重影响玉米的生长,导致玉米植株矮小,并且植株的叶片会出现枯死现象,由最初的下部叶片枯死,逐渐向植株上部叶片蔓延。如果遇到高温雨季,会使田间受到高温渍水淹泡,这会在一定程度上抑制玉米根线虫病的危害,玉米植株能重新长出新根和根毛。但这并不能根除玉米根线虫的危害,如果未能采取有效的防治措施,根线虫会对出现缓解现象的植株造成危害。这时玉米的根系会发生颜色上的变化,逐渐转变为褐色,同时会导致玉米根系木质化,地上部分植株枯黄,严重时会直接导致玉米死亡,造成玉米绝收。

3.1.4.3 发病规律

线虫的虫卵及幼虫会在玉米收获完成后散落在土壤中越冬,在第 2 年成为初侵染源。线虫可以通过牲畜、农具及人进行携带传播。在田间主要依靠雨水或者灌溉水进行传播。如果玉米感染根线虫病,没有进行有效的防治,会导致玉米根线虫的发病面积进一步扩大,并且在连作的地块中发病率较高。此外，在相对比较干燥疏松的沙质土壤中，玉米根线虫的发病率较高。

3.1.4.4 防治措施

(1)农业防治

① 在前茬作物收获之后，及时清除田间的病株和残体，并且带出园区集中烧毁。

② 深翻土壤，深度为 50 cm，起高垄 30 cm，沟内淹水，并且覆盖地膜，密闭 15～20 天之后可以达到 90%以上的防治效果。

③ 轮作。玉米可以与葱、蒜、韭菜、进行轮作，保持 2～3 年轮作，提高防虫害能力。

④ 覆盖地膜打孔直播的方式进行防治。播种完成后需要及时用土壤盖实孔眼，这样既能起到有效的玉米根线虫病防治作用，也能在很大程度上促进玉米产量的提高。

⑤ 科学施肥。在施肥过程中应尽量少施尿素，可以施加沼气粪池水或者施加碳铵，通常可以施加碳铵 25 kg/亩左右。施加碳铵及沼气粪池水能产生氨气，通过氨气起到熏蒸作用。

(2)化学防治

如果线虫病较为严重，则可以选用浓度为 3%的米乐尔颗粒剂，每亩使用 1.5 kg 左右，定植前 15 天撒施在开好的沟里，覆土压实，再在定植前 2～3 天开沟放气，让药物产生效果。在玉米收获后，在田间喷洒生石灰 20～30 kg/亩。也可以应用百克威在田间喷洒，喷洒 4 kg/亩左右即可。

3.2 玉米虫害

3.2.1 玉米象

3.2.1.1 发生与危害

玉米象属鞘翅目、象甲科。全世界广泛分布，为储藏物最大的毁灭性害虫之一，在我国每年发生1～7代，越往南发生的代数越多。该虫危害稻谷、小麦、玉米、薯类及其加工品，同时危害莲籽、天麻等土特产及中药材，在贮存2～3年左右的陈粮中平均虫蛀率可达3.76%。造成的粮食损失在3个月内可达11.25%，6个月内可达35.12%。玉米象危害严重时可引起储粮发热、霉变和结块，造成储粮的重大损失，影响储粮的供给。此外，玉米象的排泄物、遗留的尸体，不仅会产生难闻的气味，还会产生对人体有害的物质。

玉米象成虫一般栖于仓内储粮中繁殖为害，也有的成虫飞到田间，产卵于成熟的谷穗上，收获时又随粮粒带入仓内。雌虫产卵时，先在粮粒上钻孔，然后产卵在粮粒中，随即分泌些黏液封闭洞口，幼虫自卵孵出后，就在粮粒内蛀食生长，经过3次蜕皮，在粮粒内化蛹，并羽化为成虫。

3.2.1.2 形态特征

卵：椭圆形，长约0.65～0.70 mm，宽约0.28～0.29 mm，乳白色，半透明，下端稍圆大，上端逐渐狭小，上端着生帽状圆形小隆起；谷象的卵与其相似。

幼虫：体长 2.5～3.0 mm，乳白色，体多横皱，背面隆起，腹面平坦，全体肥大粗短，略呈半球形。无足，头小，淡褐色，略呈楔形，谷象幼虫与其相似。

蛹：体长 3.5～4.0 mm，椭圆形，乳白色至褐色，头部圆形，喙状部伸达中足基节，前胸背板上有小突起 8 对，其上各生 1 根褐色刚毛，腹部 10 节，腹末有肉刺 1 对。

成虫：体长 3.5～5.0 mm，圆筒形，红褐色，有光泽性。前胸背板前狭后宽，上面布满圆形刻点。后端约等于鞘翅之宽，背面刻点圆形。腹面可见体躯由头、胸、腹 3 部分组成，胸部由 3 个胸节组成，有胸足 3 对。头部额区向前伸形成喙，头部两侧有复眼 1 对，复眼由多数小眼组成。复眼之间有 1 对触角，触角呈膝状弯曲，由 8 小节组成。腹部由多个小节组成。雄虫外生殖器隐藏于腹部，阳茎背面扁平，有 2 条平行的纵凹沟，雌虫的 Y 形骨片端部较尖。玉米象鞘翅的基部和端部可见明显的 2 对黄色椭圆形斑纹。3 对足形态基本相同，足上着生大量刺，最末端着生 1 对爪，2 爪在基部愈合。

3.2.1.3 防治措施

(1)农业防治

秋末冬初，当粮堆内成虫大批爬出越冬时，可先在粮面或粮堆四周铺麻袋引诱成虫在袋下潜伏，再收集消灭。

(2)物理防治

暴晒及过筛粮食。

(3)生物防治

利用成虫有向上爬的习性，可在粮面上扒成许多小尖堆，每堆顶上插草把或竹筒，当扒动粮食时，成虫即纷纷爬到堆顶草把或竹筒中躲藏，可收集加以消灭。

（4）化学防治

在粮堆内可拌入重量比为十万分之一的马拉硫磷。当粮仓发生玉米象为害比较严重而一般方法又不适合的情况下，可采用溴甲烷或磷化铝等药剂进行封仓熏蒸。春季转暖时，在仓外四周喷施农药带以阻隔仓外越冬成虫再次进入仓内。

3.2.2 亚洲玉米螟

3.2.2.1 分布与危害

玉米螟属鳞翅目、螟蛾科，玉米螟又称玉米钻心虫、钻节虫，是我国玉米产区分布最广，为害最严重的害虫。北方春播玉米区、黄淮平原春、夏玉米区发生最严重。西南和南方玉米区次之，西北玉米区较轻，青藏高原玉米区未见报道。通常在 1 年发生 2 代，以 2 代老熟幼虫在玉米、高粱、谷子等作物的茎秆、穗轴或者是根部越冬。杂食性害虫，主要寄主有玉米、高粱、谷子、棉花、大麻，也能为害小麦、大麦、马铃薯、豆类、向日葵、甘蔗、甜菜、茄子、番茄等 20 多种植物，一般田块损失率在 10%左右，严重田块损失率在 30%以上。

玉米螟幼虫主要以玉米不同部位为食物，如刚刚孵化的幼虫多以玉米嫩叶作为食物，而且其还将会寄生在新叶中，在玉米雄穗长出之后，幼虫则将会以玉米籽粒或者是雄穗作为食物，这样必将会对玉米养分的吸收产生影响，致使玉米籽粒重量降低，导致玉米减产，并且能够使玉米雄穗、茎秆折断。取食苞穗后，还可能会导致玉米籽粒发霉腐烂，最终导致玉米大量减产。

3.2.2.2 形态特征

卵：多呈扁椭圆形，不规则鱼鳞状卵块，每个卵块有20～60粒卵，卵粒在初期时为乳白色，略有光泽，随着时间的推移其逐渐变黄，卵孵化之后其中心会呈现出1个黑点，这就是幼虫的头部，卵如果被寄生，则在一段时间内将全部变黑。

幼虫：头部为黑色，初孵时表现为乳白色，半透明，幼虫的体长通常在20～30 mm，身体为灰白色，身体背部则为淡灰色或者是淡红褐色，背部有3条纵线，中线比较明显，呈现为暗褐色。

蛹：外观多为纺锤形，颜色为黄褐或者是红褐色，其体长多在15～18 mm，其中雌蛹的腹部通常比较肥大，雄蛹的腹部则比较尖细。

成虫：雌蛾体长13～15 mm，翅展28～34 mm。触角丝状，头、胸为浅黄色，翅淡黄色或淡褐色。雄蛾体长多为13～14 mm，体色比雌蛾更深，其身长的波纹与雌蛾类似。

3.2.2.3 发生规律

玉米螟成虫具有昼伏夜出习性，其多在日落后到午夜前活动，飞行能力比较强，具有趋光性。大部分成虫都是在夜间羽化，通常雄蛾会先羽化，其比雌蛾羽化的时间早3～5天。雌虫成功羽化的当天就会进行交尾，1～2天内就能够产卵，雌蛾产卵也具有一定的选择性，会选择比较高大，生长态势比较好的植株，或者是生长在荫蔽、潮湿、低洼地带的植株，然后雌蛾将自己的卵产在玉米、高粱以及谷子叶背附近，每只雌蛾的产卵量多在10～20块，卵数量高达

300～600粒。

玉米螟幼虫常在上午孵化，孵化后1h内会逐渐分散。幼虫本身具有趋糖、趋湿、趋嫩、背光等生活习性，因此，幼虫往往会选择在植株含糖量相对比较高，同时比较幼嫩的区域生长。2代螟低龄幼虫多数集中在雌穗顶的花丝以及成熟嫩粒部位生长，其主要危害的也是玉米这些部位，同时还有少数玉米螟幼虫会在叶腋部位危害玉米的生长，随着玉米的生长发育，玉米螟集中危害的部位也将会随之发生新的变化，诸如钻蛀茎秆、雄穗、苞穗等。

3.2.2.4 防治措施

(1)农业防治

① 选用抗虫品种。在生产中尽量选用硬粒型和在心叶中含有抗螟素的高抗玉米螟新品种。

② 秸秆处理，减少虫源。在春季越冬幼虫化蛹、羽化前，对主要寄主的秸秆、根茬、穗轴等，采用过腹还田、粉碎还田、焚烧等方法进行处理，减少虫源。

③ 轮作。玉米与大豆等非寄主作物轮作。

④ 人工摘除卵块，也可减轻危害。

(2)生物防治

① 释放赤眼蜂防治。7月5—8日放第1次蜂，间隔5～7天放第2次蜂。设置释放点1个/亩，放蜂量1.5万头/亩。

② 白僵菌防治。用含活分生孢子50亿～100亿/g白僵菌粉1 kg/亩加煤渣颗粒10 kg/亩，在心叶中期撒入心叶丛中，每株玉米施入2 g带菌颗粒剂，或每1 m^3秸秆用含孢子50亿～100亿/g白僵菌粉100 g，在化蛹前向垛内

分层喷撒封垛。

(3)化学防治

① 在玉米心叶末期(5%抽雄),施用0.3%辛硫磷颗粒剂,2～3 g/株,施于喇叭口内。

② 心叶末期和抽穗前后,玉米心叶初见排孔、幼龄幼虫群集心叶而未蛀入茎秆之前,用25%灭幼脲悬浮剂40 g/亩,或2.5%溴氰菊酯乳油20～40 mL/亩兑水喷雾防治。

3.2.3 双斑长跗萤叶甲

3.2.3.1 分布与危害

双斑长跗萤叶甲别名双斑萤叶甲,属鞘翅目、叶甲科,是一种在我国分布很广的杂食性害虫,一年发生一代,以卵越冬。主要寄主有玉米、豆类、马铃薯、苜蓿、茼蒿、胡萝卜、十字花科蔬菜、向日葵、杏树、苹果等作物。

叶甲幼虫生活在土中,咬食植株根部。叶甲的成虫危害叶片,盛期在7月、8月份。成虫取食寄主植物的叶片、叶柄、嫩梢或嫩枝的皮层。成虫怕光,喜欢集中在玉米心叶内为害,啃食叶片叶肉,留下半透明状表皮,或形成似筛子网状的孔洞。有时被啃食的小孔连接起来,使叶片横向被切断,呈破碎状,影响玉米的正常生长。

3.2.3.2 形态特征

卵:卵为椭圆形,长约0.6 mm,初为棕黄色,表面具网状纹。

幼虫:幼虫体长5～6 mm,白色至黄白色,随着龄期的增加,体色逐渐变深,体表具瘤和刚毛,前胸背板颜色较深。

蛹:蛹长2.8～3.5 mm、宽2 mm,白色,表面具刚毛,为离蛹。

成虫：体长3.6～4.8 mm、宽2.0～2.5 mm，长卵形，棕黄色，有光泽。触角11节，丝状，端部黑色，长为体长的2/3；复眼大，卵圆形；前胸背板宽大于长，表面隆起，密布很多细小刻点；小盾片黑色，呈三角形；鞘翅上有线状细刻点，每个鞘翅基半部有1个近圆形淡色斑，四周黑色，淡色斑外侧多不完全封闭，其后面黑色带纹向后突伸成角状，有些个体黑带纹不清或消失。两翅后端合为圆形，后足胫节端部具长刺；腹管外露。

3.2.3.3 发生规律

成虫有群集性和弱趋光性，在玉米植株上，自上而下取食，日光强烈时常隐蔽在下部叶背或花穗中。成虫飞翔力弱但善跳，一般只能飞25 m，早晚气温低于8 ℃或风雨天喜躲藏在植物根部或枯叶下，气温高于15 ℃成虫活跃。成虫羽化后经20天开始交尾，把卵产在田间或附近草丛中的表土下。卵散产或数粒黏在一起，耐干旱。幼虫生活在杂草丛下表土中，老熟幼虫在土中筑土室化蛹，蛹期7～10天。

3.2.3.4 防治措施

(1)农业措施

① 秋季及时深翻土壤灭卵、晒土，可降低大量越冬虫卵基数。

② 双斑长跗萤叶甲寄主是地边杂草，春季及时铲除杂草，使其生存环境遭到破坏，同时杂草下土壤又是其产卵、幼虫生长发育的主要场所，故及时铲除田间、地埂、渠边杂草，特别是稗草，降低越冬虫口基数，可减轻危害。

③ 遭受危害的地块在防治的同时要对农田补水、补肥，促进制种玉米营养生长与生殖生长并进。

④ 加强田间双斑长跗萤叶甲定点定株调查，实时掌握双斑长跗萤叶甲发生动态，注重培养能控制双斑长跗萤叶甲的天敌，充分发挥天敌的控害作用。

(2)生物防治

农田地边种植生态带(如苜蓿)，以草养害，以害养益，引益入田，以益控害。保护利用天敌，双斑长跗萤叶甲的天敌主要有瓢虫、蜘蛛等。

(3)物理防治

架设防虫网。不仅能防虫，还有防鸟、防雹、防雾、防病等效果。

(4)药剂防治

百株虫量达到 50 头时进行防治，施药时间最好在上午 10 时前或下午 5 时后，避开中午高温天气。在 6 月底至 7 月上中旬成虫盛发期之前，用 2.5%高效氟氯氰菊酯乳油 1500 倍液，或 20%速灭杀丁乳油 2000 倍液喷施防治，注意药剂交替使用，先治田外，再治田内。

3.2.4 玉米红蜘蛛

3.2.4.1 发生及危害

玉米红蜘蛛又名玉米叶螨，属蛛形纲、蜱螨目、叶螨科，主要是截形叶螨，危害玉米、枣、棉花、甜菜、向日葵、西瓜、枸杞等，全疆均有分布。

以成螨、若螨刺吸玉米叶片组织汁液，先危害下部叶片，渐向上部叶片转移。被害处先呈现失绿斑点，以后斑点逐渐变大、退绿变黄。严重发生时，叶片完全变白、干枯，后期造成籽粒秕瘦，粒重下降，造成减产，对玉米生产造成严重影响。

3.2.4.2 形态特征

卵：近圆球形，直径约 0.15 mm。初产时无色透明，逐渐变为淡黄色，直至深黄色，孵化前透出 2 个红色眼点。

幼螨：3 对足，体圆形，长约 0.16 mm，宽约 0.15 mm。初孵时无色透明，取食后体背呈淡黄色。

若螨：体似成螨，但体形小，足 4 对。体长约 0.25 mm，宽约 0.2 mm。体椭圆形，体色浅红。

雌成螨：体长 0.5 mm 左右，体宽 0.3 mm 左右；深红色，椭圆形，颚体及足色，体侧具黑斑，须肢跗节端感器柱状，长约为宽的两倍，气门沟末端呈 U 形弯曲。后半体背表皮纹路纤细，背毛 12 对，无臀毛。

雄成螨：体长 0.35 mm 左右，体宽 0.2 mm 左右；背面呈菱形，体橘红色，背部有深色斑，臀部稍尖。阳具柄部宽大，末端向背面弯曲形成一微小端锤，背缘平截状，末端 1/3 处具一凹陷，端锤内角纯圆，外角尖削，须肢跗节端感器柱状，长约为宽的 2.5 倍。

3.2.4.3 发生规律

玉米叶螨喜高温低湿的环境条件，干旱少雨年份发生较重。雌成螨在作物、杂草根际或土缝里越冬。越冬雌成螨不食不动，抗寒力强。春季气温达 7～12 ℃以上产卵孵化，发育至若螨和成螨时，转移至杂草和玉米上为害，7—8 月进入为害盛期。玉米红蜘蛛主要通过刺吸为害，影响玉米的光合作用。它的食性较杂，具有世代重叠现象。

红蜘蛛一般在玉米抽穗之后开始为害，发生早的年份，在玉米只生长五六片叶子的时候就开始为害了，先是危害叶片主脉两侧，然后慢慢向上部叶片蔓延，导致玉米叶出现黄褐色焦枯斑。每年 7—8 月份是红蜘蛛繁殖速度最快的时候，在抽雄期到玉米灌浆期危害加重，此时是它们为害的繁盛期。9 月上旬，随着气温下降和玉米植株衰老，玉米红蜘蛛种群数量急剧下降，并逐渐向越冬场所转移。

3.2.4.4　防治措施

(1)农业防治

① 深翻土地将害螨翻入深层，早春或秋后灌水，使叶螨在淤泥土中窒息死亡。

② 合理轮作倒茬。

③ 增施充分腐熟的有机肥，合理施氮、磷、钾肥，提高植株抗逆性。

④ 种植抗螨品种。

⑤ 及时清除田边地头杂草，减少害螨食料和繁殖场所。

⑥ 加强玉米拔节期至灌浆期管理，合理及时灌水，改善田间小气候。

(2)物理防治

可利用黄板、蓝板等诱杀叶螨，也可以利用叶螨集中为害下部叶片的特性，把叶螨连同叶片摘除清理，减轻为害。

(3)生物防治

利用叶螨的自然天敌来控制害螨数量及减轻发生程度。在田间用药剂防治时，应选用专治叶螨的化学药剂及生物类药剂，保护好天敌。

(4)化学防治

① 玉米叶螨前期发生早,但发展比较缓慢。前期即 5 月中下旬至 6 月中下旬受低温的影响,玉米叶螨主要集中在地埂、渠边杂草上繁殖,活动范围相对集中。此时是统一组织防治的最佳时期,也是有效控制玉米叶螨中后期蔓延成灾的关键。防治应选择一些专用的杀螨剂,如 5%噻螨酮乳油 1500 倍液。

② 玉米拔节中期,对玉米植株下部喷施 15%扫螨净乳油 2000 倍液、80%阿维菌素 2000 倍、15%哒螨灵乳油 2000~3000 倍液、73%克螨特乳油 2500 倍液两次,间隔 5~7 天。

3.3 玉米田杂草

3.3.1 玉米田杂草种类

3.3.1.1 牛筋草

牛筋草又名蟋蟀草、油葫芦草,是禾本科、穇属的一年生植物。根系很发达。秆丛生,基部倾斜,高 10~90 cm。叶鞘两侧压扁而具脊,松弛,无毛或疏生疣毛;叶舌长约 1 mm;叶片平展,线形,长 10~15 cm,宽 3~5 mm,无毛或上面被疣基柔毛。

穗状花序 2~7 个指状着生于秆顶,很少单生,长 3~10 cm,宽 3~5 mm;小穗长 4~7 mm,宽 2~3 mm,含 3~6 小花;颖披针形,具脊,脊粗糙;第一颖长 1.5~2.0 mm;

第二颖长 2～3 mm；第一外稃长 3～4 mm，卵形，膜质，具脊，脊上有狭翼，内稃短于外稃，具 2 脊，脊上具狭翼。囊果卵形，长约 1.5 mm，基部下凹，具明显的波状皱纹。鳞被 2，折叠，具 5 脉。花果期 6—10 月。

3.3.1.2 曼陀罗

曼陀罗是茄科、曼陀罗属直立木质一年生草本植物，在低纬度地区可长成亚灌木，高 0.5～1.5 m，全体近于平滑或在幼嫩部分被短柔毛。茎粗壮，圆柱状，淡绿色或带紫色，下部木质化。叶互生，上部呈对生状，叶片卵形或宽卵形，顶端渐尖，基部不对称楔形，有不规则波状浅裂，裂片顶端急尖，有时亦有波状牙齿，侧脉每边 3～5 条，直达裂片顶端，长 8～17 cm，宽 4～12 cm；叶柄长 3～5 cm。

花单生于枝杈间或叶腋，直立，有短梗；花萼筒状，长 4～5 cm，筒部有 5 棱角，两棱间稍向内陷，基部稍膨大，顶端紧围花冠筒，5 浅裂，裂片三角形，花后自近基部断裂，宿存部分随果实而增大并向外反折；花冠漏斗状，下半部带绿色，上部白色或淡紫色，檐部 5 浅裂，裂片有短尖头，长 6～10 cm，檐部直径 3～5 cm；雄蕊不伸出花冠，花丝长约 3 cm，花药长约 4 mm；子房密生柔针毛，花柱长约 6 cm。

蒴果直立生，卵状，长 3.0～4.5 cm，直径 2～4 cm，表面生有坚硬针刺或有时无刺而近平滑，成熟后淡黄色，规则 4 瓣裂。种子卵圆形，稍扁，长约 4 mm，黑色。一般花期 6—10 月，果期 7—11 月。

3.3.1.3 紫花苜蓿

紫花苜蓿是豆科、苜蓿属多年生草本植物，高 30～100 cm。根粗壮，深入土层，根颈发达。茎直立、丛生以至平卧，四棱形，无毛或微被柔毛，枝叶茂盛。羽状三出复叶；托叶大，卵状披针形，先端锐尖，基部全缘或具1～2齿裂，脉纹清晰；叶柄比小叶短；小叶长卵形、倒长卵形至线状卵形，等大，或顶生小叶稍大，长5～40 mm，宽3～10 mm，纸质，先端钝圆，具由中脉伸出的长齿尖，基部狭窄，楔形，边缘三分之一以上具锯齿，上面无毛，深绿色，下面被贴伏柔毛，侧脉8～10对，与中脉成锐角，在近叶边处略有分叉；顶生小叶柄比侧生小叶柄略长。

花序总状或头状，长1.0～2.5 cm，具花5～30朵；总花梗挺直，比叶长；苞片线状锥形，比花梗长或等长；花长6～12 mm；花梗短，长约2 mm；萼钟形，长3～5 mm，萼齿线状锥形，比萼筒长，被贴伏柔毛；花冠为淡黄、深蓝至暗紫色，花瓣均具长瓣柄，旗瓣长圆形，先端微凹，明显较翼瓣和龙骨瓣长，翼瓣较龙骨瓣稍长；子房线形，具柔毛，花柱短阔，上端细尖，柱头点状，胚珠多数。荚果螺旋状紧卷2～6圈，中央无孔或近无孔，径5～9 mm，被柔毛或渐脱落，脉纹细，不清晰，熟时棕色；有种子10～20粒。种子卵形，长1.0～2.5 mm，平滑，黄色或棕色。花期5—7月，果期6—8月。

3.3.1.4 大车前

大车前是车前科、车前属二年生或多年生草本。须根多数，根茎粗短。叶基生呈莲座状，平卧、斜展或直立；叶片草质、薄纸质或纸质，宽卵形至宽椭圆形，长3～30 cm，宽2～21 cm，先端钝尖或急尖，边缘波状、疏生不规则牙齿或近全缘，两面疏生短柔毛或近无毛，少数被较密的柔毛，脉3～7条；叶柄长1～26 cm，基部鞘状，常被毛。

花序1至数个；花序梗直立或弓曲上升，长2～45 cm，有纵条纹，被短柔毛或柔毛；穗状花序细圆柱状，1～40 cm，基部常间断；苞片宽卵状三角形，长1.2～2.0 mm，宽与长约相等或略超过，无毛或先端疏生短毛，龙骨突宽厚。花无梗；花萼长1.5～2.5 mm，萼片先端圆形，无毛或疏生短缘毛，边缘膜质，龙骨突不达顶端，前对萼片椭圆形至宽椭圆形，后对萼片宽椭圆形至近圆形。花冠白色，无毛，冠筒等长或略长于萼片，裂片披针形至狭卵形，长1.0～1.5 mm，于花后反折。雄蕊着生于冠筒内面近基部，与花柱明显外伸，花药椭圆形，长1.0～1.2 mm，通常初为淡紫色，稀白色，干后变淡褐色。胚珠12至40余个。

蒴果近球形、卵球形或宽椭圆球形，长2～3 mm，于中部或稍低处周裂。种子8～34粒，卵形、椭圆形或菱形，长0.8～1.2 mm，具角，腹面隆起或近平坦，黄褐色；子叶背腹向排列。花期6—8月，果期7—9月。

3.3.1.5 狗牙根

狗牙根是禾本科、狗牙根属低矮草本，具根茎。秆细而坚韧，下部匍匐地面蔓延甚长，节上常生不定根，直立部分高10～30 cm，直径1.0～1.5 mm，秆壁厚，光滑无毛，有时略两侧压扁。

叶鞘微具脊，无毛或有疏柔毛，鞘口常具柔毛；叶舌仅为一轮纤毛；叶片线形，长1～12 cm，宽1～3 mm，通常两面无毛。穗状花序2～6枚，长2～6 cm；小穗灰绿色或带紫色，长2.0～2.5 mm，仅含1小花；颖长1.5～2.0 mm，第二颖稍长，均具1脉，背部成脊而边缘膜质；外稃舟形，具3脉，背部明显成脊，脊上被柔毛；内稃与外稃近等长，具2

脉。鳞被上缘近截平；花药淡紫色；子房无毛，柱头紫红色。颖果长圆柱形。花果期5—10月。

3.3.1.6 漆姑草

漆姑草别名瓜槌草、珍珠草、星宿草、日本漆姑草、腺漆姑草，石竹科、漆姑草属一年生小草本。高5～20 cm，上部被稀疏腺柔毛。茎丛生，稍铺散。叶片线形，长5～20 mm，宽0.8～1.5 mm，顶端急尖，无毛。花小形，单生枝端；花梗细，长1～2 cm，被稀疏短柔毛；萼片5，卵状椭圆形，长约2 mm，顶端尖或钝，外面疏生短腺柔毛，边缘膜质；花瓣5个，狭卵形，稍短于萼片，白色，顶端圆钝，全缘；雄蕊5个，短于花瓣；子房卵圆形，花柱5个，线形。蒴果卵圆形，微长于宿存萼，5瓣裂；种子细，圆肾形，微扁，褐色，表面具尖瘤状凸起。花期3—5月，果期5—6月。

3.3.1.7 荩草

荩草是禾本科、荩草属一年生草本植物。秆细弱，无毛，基部倾斜，高30～60 cm，具多节，常分枝，基部节着地易生根。叶鞘短于节间，生短硬疣毛；叶舌膜质，长0.5～1.0 mm，边缘具纤毛；叶片卵状披针形，长2～4 cm，宽0.8～1.5 cm，基部心形，抱茎，除下部边缘生疣基毛外余均无毛。总状花序细弱，长1.5～4.0 cm，2～10枚呈指状排列或簇生于秆顶；总状花序轴节间无毛，长为小穗的2/3～3/4。

无柄小穗卵状披针形，呈两侧压扁，长3～5 mm，灰绿色或带紫；第一颖草质，边缘膜质，包住第二颖2/3，具7～9脉，脉上粗糙至生疣基硬毛，尤以顶端及边缘为多，先端锐尖；第二颖近膜质，与第一颖等长，舟形，脊上粗糙，具3脉而2侧脉不明显，先端尖；第一外稃长圆形，透明膜质，先端尖，长为第一颖的 2/3；第二外稃与第一外稃等长，透明膜质，近基部伸出一膝曲的芒；芒长 6～9 mm，下基部扭转；雄蕊 2；花药黄色或带紫色，长 0.7～1.0 mm。颖果长圆形，与稃体等长。有柄小穗退化仅到针状刺，柄长 0.2～1.0 mm。花果期 9—11 月。

3.3.1.8 婆婆纳

婆婆纳是玄参科、婆婆纳属铺散多分枝草本植物，多少被长柔毛，高 10～25 cm。叶仅 2～4 对，具 3～6 mm 长的短柄，叶片心形至卵形，长 5～10 mm，宽 6～7 mm，每边有 2～4 个深刻的钝齿，两面被白色长柔毛。总状花序很长；苞片叶状，下部的对生或全部互生；花梗比苞片略短；花萼裂片卵形，顶端急尖，果期稍增大，三出脉，疏被短硬毛；花冠淡紫色、蓝色、粉色或白色，直径 4～5 mm，裂片圆形至卵形；雄蕊比花冠短。蒴果近于肾形，密被腺毛，略短于花萼，宽 4～5 mm，凹口约为 90°，裂片顶端圆，脉不明显，宿存的花柱与凹口齐或略过之。种子背面具横纹，长约 1.5 mm。花期 6—9 月。

3.3.1.9 凹头苋

凹头苋是苋科、苋属一年生草本。高 10～30 cm，全体无毛；茎伏卧而上升，从基部分枝，淡绿色或紫红色。叶片卵形或菱状卵形，长 1.5～4.5 cm，宽 1～3 cm，顶端凹缺，有 1 芒尖，或微小不显，基部宽楔形，全缘或稍呈波状；叶柄长 1.0～3.5 cm。花成腋生花簇，直至下部叶的腋部，生在茎端和枝端者成直立穗状花序或圆锥花序；苞片及小苞片矩圆形，长不及 1 mm；花被片矩圆形或披针形，长 1.2～1.5 mm，淡绿色，顶端急尖，边缘内曲，背部有 1 隆起中脉；

雄蕊比花被片稍短;柱头3或2个,果熟时脱落。胞果扁卵形,长约3 mm,不裂,微皱缩而近平滑,超出宿存花被片。种子环形,直径约12 mm,黑色至黑褐色,边缘具环状边。花期7—8月,果期8—9月。

3.3.1.10 苦苣菜

苦苣菜又名苦菜、苦荬菜、小鹅菜,是菊科、苦苣菜属一年生或二年生草本植物。根圆锥状,垂直直伸,有多数纤维状的须根。茎直立,单生,高40～150 cm,有纵条棱或条纹,不分枝或上部有短的伞房花序状或总状花序式分枝,全部茎枝光滑无毛,或上部花序分枝及花序梗被头状具柄的腺毛。

基生叶羽状深裂,全形长椭圆形或倒披针形,或大头羽状深裂,全形倒披针形,或基生叶不裂,椭圆形、椭圆状戟形、三角形、或三角状戟形或圆形,全部基生叶基部渐狭成长或短翼柄;中下部茎叶羽状深裂或大头状羽状深裂,全形椭圆形或倒披针形,长3～12 cm,宽2～7 cm,基部急狭成翼柄,翼狭窄或宽大,向柄基且逐渐加宽,柄基圆耳状抱茎,顶裂片与侧裂片等大或大一些,宽三角形、戟状宽三角形、卵状心形,侧生裂片1～5对,椭圆形,常下弯,全部裂片顶端急尖或渐尖,下部茎叶或接花序分枝下方的叶与中下部茎叶同型并等样分裂或不分裂而披针形或线状披针形,且顶端长渐尖,下部宽大,基部半抱茎;全部叶或裂片边缘及抱茎小耳边缘有大小不等的急尖锯齿或大锯齿或上部及接花序分枝处的叶,边缘大部全缘或上半部边缘全缘,顶端急尖或渐尖,两面光滑毛,质地薄。

头状花序少数在茎枝顶端排紧密的伞房花序或总状花

序或单生茎枝顶端。总苞宽钟状，长 1.5 cm，宽 1 cm；总苞片 3～4 层，覆瓦状排列，向内层渐长；外层长披针形或长三角形，长 3～7 mm，宽 1～3 mm，中内层长披针形至线状披针形，长 8～11 mm，宽 1～2 mm；全部总苞片顶端长急尖，外面无毛或外层或中内层上部沿中脉有少数头状具柄的腺毛。舌状小花多数，黄色。

瘦果褐色，长椭圆形或长椭圆状倒披针形，长 3 mm，宽不足 1 mm，压扁，每面各有 3 条细脉，肋间有横皱纹，顶端狭，无喙，冠毛白色，长 7 mm，单毛状，彼此纠缠。花果期 5—12 月。

3.3.1.11 大蓟

大蓟为菊科、蓟属多年生草本植物，高 0.5～1.0 m。根簇生，圆锥形，肉质，表面棕褐色。茎直立，有细纵纹，基部有白色丝状毛。大蓟基生叶丛生，有柄，倒披针形或倒卵状披针形，长 15～30 cm，羽状深裂，边缘齿状，齿端具针刺，上面疏生白色丝状毛，下面脉上有长毛；茎生叶互生，基部心形抱茎。头状花序顶生；总苞钟状，外被蛛丝状毛；总苞片 4～6 层，披针形，外层较短；花两性，管状，紫色；花药顶端有附片，基部有尾。瘦果长椭圆形，冠毛多层，羽状，暗灰色。花期 5—8 月，果期 6—8 月。

3.3.1.12 小藜

小藜为藜科、藜属一年生草本植物。幼苗子叶线形，肉质，基部紫红色，有短叶柄。初生叶线形，先端钝，基部楔形，全缘，叶下面略呈紫红色，有短柄。下胚轴与上胚轴均较发达，玫瑰红色。后生叶披针形，常于基部有 2 个较短的裂片，叶缘具波状齿。

成株株高 20～50 cm。茎直立，有分枝，有绿色纵条纹，幼茎常密被粉粒。叶互生，有柄，长圆状卵形，长 2～5 cm，宽 1～3 cm，先端钝，边缘有波状齿，下部的叶近基部有 2 个较大的裂片，两面疏生粉粒。

花和籽实花序穗状或圆锥状；腋生或顶生。花两性。花被片 5 片，先端钝，淡绿色。雄蕊 5 枚，长于花被。柱头 2 个，线形。胞果包于花被内，果皮膜质。种子直径约 1 mm，圆形，边缘有棱，黑色，有光泽，表面有明显的蜂窝状网纹。

3.3.1.13 扁蓄

扁蓄为蓼科、蓼属一年生草本植物。茎直立，自基部分枝，绿色，具明显细纵棱，高 10～35 cm。叶长椭圆形或倒披针形，长 1.0～2.5 cm，宽 0.2～0.5 cm，两面中脉明显，侧脉不明显，叶柄极短，基部具关节。托叶鞘膜质，长约 3 mm，下面褐色或紫褐色，上面白色，撕裂。花遍布全株，至枝上部密集成穗状花序，每腋 3～6 采花。花柄顶端具关节，花被 5 深裂到 2/3 处，裂片倒卵形，长约 2.2 mm，绿色，边缘白色或紫红色；雄蕊 5～6 枚，明显短于花被片，花丝基部明显扩展，花药黄色；子房三棱状卵形，黄褐色，花柱 3 个，极短，柱头头状，瘦果两型，长型果实伸出花被片之外，三棱状卵形，黄褐色，在解剖镜下观察密被不规则排列的小点，无光泽，大小为 2.57 mm×1.41 mm；短形果实与花被片近等长，三棱状卵形，深褐色，在解剖镜下观察具成行的小点，无光泽，2.25 mm×1.33 mm。花期 5—7 月，果期 6—8 月。

3.3.1.14 马齿苋

马齿苋是马齿苋科、马齿苋属一年生草本植物，全株无毛。茎平卧或斜倚，伏地铺散，多分枝，圆柱形，长 10～15 cm，淡绿色或带暗红色。茎紫红色，叶互生，有时近对生，叶片扁平，肥厚，倒卵形，似马齿状，叶长 1～3 cm，宽 0.6～1.5 cm，顶端圆钝或平截，有时微凹，基部楔形，全缘，上面暗绿色，下面淡绿色或带暗红色，中脉微隆起；叶柄粗短。

花无梗，直径 4～5 mm，常 3～5 朵簇生枝端，午时盛开；苞片 2～6，叶状，膜质，近轮生；萼片 2，对生，绿色，盔形，左右压扁，长约 4 mm，顶端急尖，背部具龙骨状凸起，基部合生；花瓣 5 个，具有 4 个花瓣的稀少，黄色，倒卵形，长 3～5 mm，顶端微凹，基部合生；雄蕊通常 8 个，或更多，长约 12 mm，花药黄色；子房无毛，花柱比雄蕊稍长，柱头 4～6 裂，线形。

蒴果卵球形，长约 5 mm，盖裂；种子细小，多数偏斜球形，黑褐色，有光泽，直径不及 1 mm，具小疣状凸起。花期 5—8 月，果期 6—9 月。

3.3.1.15 灰绿藜

灰绿藜属藜科、藜属一年生草本植物，高 20～40 cm。茎平卧或外倾，具条棱及绿色或紫红色色条。叶片矩圆状卵形至披针形，长 2-4 cm，宽 6-20 mm，肥厚，先端急尖或钝，基部渐狭，边缘具缺刻状牙齿，上面无粉，平滑，下面有粉而呈灰白色，有稍带紫红色；中脉明显，黄绿色；叶柄长 5～10 mm。

花两性兼有雌性，通常数花聚成团伞花序，再于分枝上排列成有间断而通常短于叶的穗状或圆锥状花序；花被裂片3～4，浅绿色，稍肥厚，通常无粉，狭矩圆形或倒卵状披针形，长不及1 mm，先端通常钝；雄蕊1～2个，花丝不伸出花被，花药球形；柱头2个，极短。胞果顶端露出于花被外，果皮膜质，黄白色。种子扁球形，直径0.75 mm，横生、斜生及直立，暗褐色或红褐色，边缘钝，表面有细点纹。花果期5—10月。

3.3.1.16 稗草

稗草是禾本科、稗属一年生草本植物。稗子和稻子外形极为相似，但叶片毛涩，颜色较浅。秆直立，基部倾斜或膝曲，光滑无毛。叶鞘松弛，下部者长于节间，上部者短于节间，无叶舌，叶片无毛。圆锥花序主轴具角棱，粗糙；小穗密集于穗轴的一侧，具极短柄或近无柄；第一颖三角形，基部包卷小穗，长为小穗的1/3～1/2，具5脉，被短硬毛或硬刺疣毛，第二颖先端具小尖头，具5脉，脉上具刺状硬毛，脉间被短硬毛；第一外稃草质，上部具7脉，先端延伸成1粗壮芒，内稃与外稃等长。花果期7—10月。稗子在较干旱的土地上，茎亦可分散贴地生长。

3.3.1.17 苘麻

苘麻是锦葵科、苘麻属植物，一年生亚灌木状草本，高达1～2 m，茎枝被柔毛。叶互生，圆心形，长5～10 cm，先端长渐尖，基部心形，边缘具细圆锯齿，两面均密被星状柔毛；叶柄长3～12 cm，被星状细柔毛，托叶早落。

花单生于叶腋，花梗长1～13 cm，被柔毛，近顶端具节；花萼杯状，密被短绒毛，裂片5，卵形，长约6 mm；花黄色，花瓣倒卵形，长约1 cm；雄蕊柱平滑无毛，心皮15～20，长 1.0～1.5 cm，顶端平截，具扩展、被毛的长芒 2（两条长芒），排列成轮状，密被软毛。蒴果半球形，直径约 2 cm，长约 1.2 cm，分果爿 15～20（指蒴果分成 15～20 个空间），被粗毛，顶端具长芒 2；种子肾形，褐色，被星状柔毛。花期 7—8 月。

3.3.1.18 反枝苋

反枝苋别名野苋菜、苋菜、西风谷，是苋科、苋属一年生草本植物。高 20～80 cm，有时达 1 m 以上；茎直立，粗壮，单一或分枝，淡绿色，有时具带紫色条纹，稍具钝棱，密生短柔毛。

叶片菱状卵形或椭圆状卵形，长 5～12 cm，宽 2～5 cm，顶端锐尖或尖凹，有小凸尖，基部楔形，全缘或波状缘，两面及边缘有柔毛，下面毛较密；叶柄长 1.5～5.5 cm，淡绿色，有时淡紫色，有柔毛。

圆锥花序顶生及腋生，直立，直径 2～4 cm，由多数穗状花序形成，顶生花穗较侧生者长；苞片及小苞片钻形，长 4～6 mm，白色，背面有 1 龙骨状突起，伸出顶端成白色尖芒；花被片矩圆形或矩圆状倒卵形，长 2.0～2.5 mm，薄膜质，白色，有 1 淡绿色细中脉，顶端急尖或尖凹，具凸尖；雄蕊比花被片稍长；柱头 3 个，有时 2 个。

胞果扁卵形，长约 1.5 mm，环状横裂，薄膜质，淡绿色，包裹在宿存花被片内。种子近球形，直径 1 mm，棕色或黑色，边缘钝。花期 7—8 月，果期 8—9 月。

3.3.1.19 龙葵

龙葵是茄科、茄属一年生直立草本植物，高 0.25～1.0 m，茎无棱或棱不明显，绿色或紫色，近无毛或被微柔毛。叶卵形，长 2.5～10 .0 cm，宽 1.5～5.5 cm，先端短尖，基部楔形至阔楔形而下延至叶柄，全缘或每边具不规则的波状粗齿，光滑或两面均被稀疏短柔毛，叶脉每边 5～6 条，叶柄长约 1～2 cm。

蝎尾状花序腋外生，由 3～10 花组成，总花梗长约 1.0～2.5 cm，花梗长约 5 mm，近无毛或具短柔毛；萼小，浅杯状，直径约 1.5～2.0 cm，齿卵圆形，先端圆，基部两齿间连接处成角度；花冠白色，筒部隐于萼内，长不及 1 mm，冠檐长约 2.5 mm，5 深裂，裂片卵圆形，长约 2 mm；花丝短，花药黄色，长约 1.2 mm，约为花丝长度的 4 倍，顶孔向内；子房卵形，直径约 0.5 mm，花柱长约 1.5 mm，中部以下被白色绒毛，柱头小，头状。浆果球形，直径约 8 mm，熟时黑色。种子多数，近卵形，直径约 1.5～2.0 mm，两侧压扁。

3.3.1.20 田旋花

田旋花是旋花科、旋花属双子叶多年生藤本植物。根状茎横走。茎平卧或缠绕，有棱。叶柄长 1～2 cm；叶片戟形或箭形，长 2.5～6.0 cm，宽 1.0～3.5 cm，全缘或 3 裂，先端近圆或微尖，有小突尖头；中裂片卵状椭圆形 、狭三角形、披针状椭圆形或线性；侧裂片开展或呈耳形。花 1～3 朵腋生；花梗细弱；苞片线性，与萼远离；萼片倒卵状圆形，无毛或被疏毛；缘膜质；花冠漏斗形，粉红色、白色，长约 2 cm，外面有柔毛，褶上无毛，有不明显的 5 浅裂；雄蕊的花丝基部肿大，有小鳞毛；子房 2 室，有毛，柱头 2 个，狭长。蒴果球形或圆锥状，无毛；种子椭圆形，无毛。花期 5—8 月，果期 7—9 月。

3.3.1.21 苍耳

苍耳是菊科、苍耳属一年生草本植物，高可达 90 cm。根纺锤状，茎下部圆柱形，上部有纵沟，叶片三角状卵形或心形，近全缘，边缘有不规则的粗锯齿，上面绿色，下面苍白色，被糙伏毛。雄性的头状花序球形，总苞片长圆状披针形，花托柱状，托片倒披针形，花冠钟形，花药长圆状线形；雌性的头状花序椭圆形，外层总苞片小，披针形，喙坚硬，锥形，瘦果倒卵形。7—8 月开花，9—10 月结果。

3.3.1.22 野西瓜苗

野西瓜苗是锦葵科、木槿属一年生草本植物。全体被有疏密不等的细软毛。茎稍柔软，直立或稍卧立。基部叶近圆形，边缘具齿裂，中间裂齿较大，中间和下部的掌状叶，3～5 深裂，中间裂较大，裂片倒卵状长圆形，先端钝，边缘具羽状缺刻或大锯齿。花单生于叶腋，花梗长 2～5 cm；小苞片多数，线形，具缘毛；花萼 5 裂，膜质，上具绿色纵脉；花瓣 5，淡黄色，紫心；雄蕊多数，花丝相结合成筒状，包裹花柱；子房 5 室，花柱顶端 5 裂，柱头头状。蒴果圆球形，有长毛。种子成熟后黑褐色，粗糙而无毛。花期 7—9 月。

3.3.2 防治措施

3.3.2.1 农业措施

及时清除田边、路旁的杂草，防止杂草侵入农田。结合采取小麦（油菜）秸秆覆盖、薄膜覆盖、行间套种其他作物（大豆、花生等）等措施，减少伴生杂草发生。强化肥水管理，提高玉米对杂草的竞争力。

3.3.2.2 物理措施

在玉米苗期和中期，结合施肥，采取机械中耕培土，防除行间杂草。

3.3.2.3 化学防治

在播种季节土壤墒情较好的玉米田，杂草防控采用“封杀结合”策略；在土壤墒情差、降雨少、沙性土壤的玉米田，杂草防控采用茎叶处理“一杀一补”策略。

在玉米播后苗前，选用乙草胺(异丙甲草胺)＋莠去津(特丁津、氰草津、嗪草酮)＋乙莠滴辛酯合剂进行土壤封闭处理。

在玉米3～5叶期，杂草2～6叶期，选用烟嘧磺隆、硝磺草酮、苯唑草酮、莠去津、氯氟吡氧乙酸、辛酰溴苯腈及其混剂进行茎叶喷雾处理。

在以稗草、小藜、蓼、马齿苋、反枝苋、苘麻、龙葵、野西瓜苗、苍耳、扁蓄、凹头苋、荩草、大车前等为主的玉米田，选用硝磺草酮＋莠去津桶混进行茎叶喷雾处理。

在以狗尾草、野稷、马唐等为主的玉米田，选用烟嘧磺隆＋硝磺草酮(苯唑草酮)＋莠去津桶混进行茎叶喷雾处理。

在以打碗花、鸭跖草、苣荬菜、刺儿菜等阔叶杂草为主的玉米田，选用氯氟吡氧乙酸、辛酰溴苯腈及其混剂进行茎叶喷雾处理。

在田旋花、灰绿藜、小藜、大蓟、苦苣菜危害严重的地块，苗前40%异丙草·莠200～250 g/亩＋41%草甘膦异丙胺盐250～300 g/亩；或52%异丙草·莠150～200 g/亩＋41%草甘膦异丙胺盐250～300 g/亩。

玉米5～7叶期，可施用56%二甲四氯钠盐可溶性粉剂80～100 g/亩；或48%灭草松200～250 mL/亩；或40%烟·莠去津80～100 mL/亩＋56%二甲四氯50～60 g/亩。

第二部分

南疆小麦高效栽培实用技术

第 4 章　小麦栽培技术

小麦是小麦属植物的统称，代表种为普通小麦（*Triticum aestivum* L.），是禾本科植物，是一种在世界各地广泛种植的谷类作物。小麦的颖果是人类的主食之一，磨成面粉后可制作面包、馒头、饼干、面条等食物，发酵后可制成啤酒、酒精、白酒，或生物质燃料。

小麦是三大谷物之一，几乎全作食用，仅约有 1/6 作为饲料使用。两河流域是世界上最早栽培小麦的地区，中国是世界较早种植小麦的国家之一。

4.1　小麦主栽品种

4.1.1　品种介绍：新冬 20 号

4.1.1.1　品种来源

新疆农科院粮食作物研究所从河北农科院粮油作物研究所引进，原系号冀 87-5018。

4.1.1.2　审定情况

1995 年新疆农作物品种审定委员会审定。

4.1.1.3 审定编号

新农审字第9509号。

4.1.1.4 特征特性

弱冬性、半冬性、早熟、耐晚播类型。穗大粒多，籽粒白色、饱满、角质，千粒重39～41 g，容重803 g/L。穗长方形，长芒白壳。穗长7.1 cm，主穗粒数40粒，结实小穗数18个左右，小穗排列紧密。芽鞘浅绿，幼苗半直立；株高70～80 cm，株型紧凑，茎秆粗壮，抗倒伏能力强，穗层整齐。叶片大小适中，上举，株型紧凑。小穗着生紧密，长芒、白壳、白粒、籽粒饱满，角质。穗分蘖力中等，分蘖成穗率较高。全生育期238天左右。抗寒性较强，耐水肥，抗倒伏性强。中抗条叶锈病，耐白粉病。成熟时叶绿，穗黄，构成产量三要素较协调。该品种综合抗性较好，耐旱，对水分不十分敏感。该品种品质性状很好，蛋白质含量16.5%左右，沉淀值30 mL，湿面筋含量42.3%。面团形成时间2.8 min，稳定时间1.7 min，衰弱度90BU，面团最大强度230EU，抗拉强度185EU，延伸性245 mm。延展性、延展韧性优良。

4.1.1.5 产量表现

平均亩产499.36 kg。熟期最早，一般亩产450～500 kg，最高单产600 kg。喀什、和田、阿克苏等地进行生产示范，经专家评估示范点单产普遍为500～550 kg，是目前南疆冬麦区主栽品种。

4.1.2 品种特征特性

4.1.2.1 早熟性

该品种生长发育快，两极分化早，抽穗早，成熟早。在南疆全生育期240天左右，10月上旬播种，翌年6月8日左右成熟，为特早熟品种，是目前南疆吨粮田配套小麦品种中成熟最早的一个品种。

4.1.2.2 丰产性

每穗粒数多，穗重和容重较高是该品种的突出特点之一。平均小穗数18～20个，平均穗粒数30粒左右，最高可达80粒，穗粒重为1.2～1.4 g，最高可达1.6 g以上，具有较大的增产潜力。收获穗数只要达到675万个/hm^2(45万个/亩)，每公顷单产在8.25 t(550 kg/亩)以上。

4.1.2.3 抗倒性

该品种株高适中，茎秆粗壮，基部节间短，壁厚中腔小，韧性好，抗倒能力强，近几年的小区试验和大面积高产示范证明，单产达到9 t/hm^2(600 kg/亩)未发现倒伏。

4.1.2.4 抗寒性

幼苗半匍匐，耐寒性较好，在1月份极端气温－17 ℃左右的情况下，叶尔羌河流域连续种植5年，未发现成片死亡现象。麦苗春季返青快，越冬死苗率在1%以下。

4.1.2.5 抗病性

该品种连续种植5年，未发现感染锈病、黑穗病。

4.2 小麦田间栽培技术

4.2.1 指导思想

为加快优秀实用栽培技术的总结和推广步伐，稳步提升小麦总体产量，从品种筛选、平衡施肥、技术集成、推广优秀小麦增产技巧等方面，确保粮食生产安全。

4.2.2 秋季整地田间质量标准

严格按照“齐、平、松、碎、净、墒”的整地要求，耕层土地要细碎、上层透气下层压实、表层土地平整，深度相同，不能有半径超过 1.5 cm 的土块。全面落实一亩两畦的要求。

4.2.3 种子

4.2.3.1 品种选择

和田当地主栽小麦品种新冬 20。

4.2.3.2 种子特性

弱冬性、早熟类型。籽粒白色，种子颗粒充实，每颗重达 0.039 g，容重 803 g/L。穗形为长方形，长芒白壳。穗长 7.1 cm，主穗大概 40 粒，结实小穗数大概 18 个，小穗排列紧密。芽鞘浅绿，幼苗半直立；株高 70～75 cm，形状紧密，茎秆健壮，穗层齐整。分蘖力适中，分蘖成穗率高。全生育期 238 天左右。抗寒性、耐水肥性、抗倒伏性等优良。

4.2.3.3 种子精选

精选麦种：发芽率≥85.0%，净度≥99.0%，纯度≥99.9%，种子外观大小一致。

4.2.4 施肥

按照优质农家肥 2～3 t/亩，磷酸二铵 20～25 kg/亩，尿素 10～15 kg/亩或复合肥 25 kg/亩，按量及时投入，满足冬小麦生长发育需求。

4.2.5 播种

4.2.5.1 播期

和田地区适宜播期在 9 月下旬至 10 月中旬。

4.2.5.2 播深

小麦播种深度控制在 4～5 cm。镇压后 3～4 cm。

4.2.5.3 播种质量标准

做到播行笔直,下籽均匀,播深一致,接行准确,不重不漏。

具体质量标准:实际播量与设计播量差别≤2%,种子、肥料单口流量差别≤2%,播行直度差别≤10 cm/km,行距差别≤1 cm,播种确保做到边边角角疏而不漏,播种后立刻压实。播量 15～20 kg/亩,要求亩基本苗数 30 万株左右。

4.2.5.4 播种结束后

观察土壤墒情、调查平均出苗率。在 11 月中旬在两叶一心时及时冬灌,冬灌水控制在 3 天内水分全部渗入为准。以稳定地温、保墒、防旱、压碱、防冻,确保麦苗安全越冬。

4.2.6 田间管理

4.2.6.1 返青期管理

小麦返青至拔节期约 30 天左右,浇好春水和施好肥有利于小麦幼穗分化,是决定小麦穗粒数的关键。2 月中旬开始机械追肥,施尿素 20 kg/亩,施肥后及时耙地,提高地温,促麦苗生长。3 月初开始浇春水,浇水量 80 m^3/亩。

4.2.6.2 拔节、抽穗期管理

拔节、抽穗期是小麦营养生长和生殖生长最旺盛的时

期，是水肥需求的关键期。在这个时期合理施肥，可提高结实率。因此，在3月底至4月初小麦拔节前，结合灌水施肥尿素15 kg/亩，磷酸二胺7.5 kg/亩，水要灌足、灌透。

4.2.6.3 灌浆、扬花成熟期管理

扬花前，结合灌水施尿素7.5 kg/亩，磷酸二胺7.5 kg/亩。开花后灌足灌浆水，以延长灌浆时间，提高灌浆质量，促使籽粒饱满。在灌浆期用磷酸二氢钾200 g、尿素200 g加水50 kg/亩叶面喷施，有利于提高籽粒饱满度，增加千粒重，提高产量。

4.2.6.4 化学除草

重点防止阔叶杂草，10月下旬喷施苯磺隆可湿性粉剂(10%)10 g/亩。禾本科杂草选择37%炔·苄·碰草酮可湿性粉剂30 g/亩喷施。

4.2.6.5 健身防病

如果5月上旬扬花期持续浮尘低温，则叶面喷施磷酸二氢钾100 g/亩和美谐50%苯甲·丙环唑水乳剂防病。

4.2.7 收获

4.2.7.1 收获期

于6月上、中旬弹性割晒，对底草不多、条田规整连片种植地域完熟期时联合作业。

4.2.7.2 质量要求

小麦蜡熟初期割晒铺厚要保持厚薄相同且均衡。割幅要相同，割晒直度＜10 cm/km，割晒损失率＜0.5%，晒穗率＞95%。含水量＜6%，种子含水量＜13%的小麦籽粒。

第5章　小麦水肥管理技术

小麦属于禾本科、小麦属，一年生或越年生草本植物，属于温带长日照植物，适应性强，自北纬 18°～50°，从平原到海拔 4000 m 的高度均有栽培，是世界上分布最广的作物之一，也是最重要的粮食作物之一，世界上有 1/2 以上人口以小麦为主要食粮。

5.1　小麦的养分需求特点及规律

小麦生长发育所必需的氮、磷、钾、钙、镁、硫和微量元素主要是靠根系从土壤中吸收。其中，氮、磷、钾三元素在小麦体内含量比较高，需要量较大，对小麦生长发育起着极为重要的作用。缺氮时，麦苗瘦弱，叶色淡，植株矮小，分蘖少，根系发育不良，穗小而少，成熟早、产量低；小麦对磷素敏感，早期的磷素营养对植株及根生长极为重要，磷充足可显著增加分蘖与次生根数，提高苗期的抗寒性，缺磷时，生长缓慢，植株瘦小，不分蘖或少分蘖；叶色暗绿，茎基部及叶鞘为紫色，根系发育受到抑制，成“鸡爪状”，抽穗开花延迟，千粒重低，品质差；缺钾小麦生长迟缓，叶片细长、色黄绿，茎细弱，分蘖横向伸展；拔节孕穗期是小麦吸收钾的高峰期，施钾肥不仅会增加小麦产量，还促进植株健壮、穗多、籽粒饱满、减轻倒伏、增强抗病能力等作用。

小麦对钙、镁、硫、硼、锌、铜、锰、钼等中、微量元素的需要量虽少，但这些元素对小麦的生长发育却同样有着重要的作用，不可或缺。如锰对小麦的叶片、茎的生长影响较大；硼影响植株开花、授粉和结实，缺硼严重则导致作物“花而不实”。在土壤供应不足时，施用相应的中、微量元素肥料效果明显。如对缺硫土壤施含硫肥料，能提高面粉品质；土壤缺硼时，小麦开花授粉受阻，结实不良，施硼后可使开花、结实正常。

小麦不同养分的临界期出现时期不同，氮素临界期为冬前分蘖期和幼穗分化期，这两个时期若氮营养供应不足则会减少分蘖和穗粒数而造成减产，若及时补充氮会增加穗粒数，而抽穗以后氮肥水平对提高粒重则极为重要；磷素临界期在小麦三叶期；钾素临界期在拔节期。各营养元素最大效率期的出现时间也不同，氮素最大效率期在拔节前至孕穗期，磷素在抽穗至扬花期，钾素在孕穗期。所以小麦各生育阶段对氮、磷、钾的需要量和吸收比例有所不同，一般氮的吸收有两个高峰期，一是冬前分蘖期，此时株虽小，吸收氮量占总吸收量的13%左右，是群体发展较快时期；二是拔节孕穗期，这一时期由于生长迅速，需肥量急增，吸氮量占总吸收量的37%左右，是吸收氮素最多的时期。对磷、钾的吸收，一般随生育期的推移而逐渐增多，到拔节后吸收率急剧增长，以孕穗到成熟这个阶段吸收量为最多，40%以上的磷、钾养分是在孕穗以后吸收的。因此，在养分供应关键时期，若养分供应充足，可保证小麦穗大、粒重、产量高。同时,小麦施用适量的微量元素肥料会有明显的增产效果,小麦对锰、铜较敏感,适当增施利于产量的提高;小麦虽然对锌、钼不敏感,但由于长期大量使用磷肥,往往容易诱发缺锌、钼症状的发生。

与其他作物相比,小麦的养分需求有 3 个显著特点:一是小麦对土壤肥力的依赖性很大;二是小麦氮用量不宜过大,否则易造成前期生长过旺,后期倒伏减产;三是小麦对磷特别敏感。据试验,小麦亩产 300 kg 产量水平时,每生产 100 kg 小麦需吸收氮(N)3.0～3.5 kg、磷(P_2O_5)1.0～1.5 kg,钾(K_2O)2.0～4.0 kg,三者的比例约为 3∶1∶3;亩产 500 kg 小麦时,约吸收氮(N)18～20 kg、磷(P_2O_5)7～8 kg,钾(K_2O)25～27 kg,三者的比例约为 2.6∶1.0∶3.5。这说明随小麦产量的提高,小麦对磷、钾的吸收量有明显增加的趋势,因此高产小麦更应重视施用磷、钾肥。

5.2 小麦的施肥技术

小麦是一种需肥较多的作物。在生产实践中,一般施氮量较理论需氮量可增加 1 倍,施磷量为理论需磷量的 2～4 倍,施钾量最多为理论需钾量的 1 倍。小麦一生中,前期需氮量大,中期需钾多,但磷肥不可晚施,因前期吸收的磷可以转移到籽粒,而后期吸收的只在根部。

小麦施肥通常分为基肥和追肥(包括土壤施肥和叶面施肥)两种施肥方式,以冬小麦为例。

5.2.1 基肥

生产上又称底肥，通常以优质有机肥为主，配合施用无机化肥。农谚“麦喜胎里富，底肥是基础”“三追不如一底”可表明小麦基肥的重要性。施足基肥对促进幼苗早发和根系的生长、增加有效分蘖都有重要作用。特别是磷肥，对小麦分生组织的生长分化影响较大，可以促进生根，增加分蘖，因此要注意施足磷肥。对于土壤地偏黏、保肥性能强、又无灌水条件的麦田，可采用重施基肥，巧施追肥的分次施肥方法，一般将 2/3 的氮肥和全部的烧肥、有机肥作为基肥，其余氮肥作为追肥；同时，还应酌情施用适量的微量元素肥料。一般情况下，基肥施用量应占施肥总量的 60%～80%，在整地前，把有机肥和氮、磷、钾肥撒施地表后，立即深耕，耕后将余下的肥料撒到垡头上，再随即耙入土中。

5.2.2 种肥

种肥对促根、增蘖、培育壮苗有明显作用。施种肥是最经济有效的施肥方法，一般每亩用尿素 2～3 kg，过磷酸钙 8～10 kg，也可用复合肥 10 kg 左右；微肥可作基肥，也可拌种，作基肥时，由于用量少，很难撒施均匀，可将其与细土掺和后撒施土表，随耕入土；用锌、锰肥拌种时，每千克种子用硫酸锌 2～6 g 或硫酸锰 0.5～1.0 g，拌种后随即播种。

5.2.3 追肥

巧施追施是获得小麦高产的重要措施。追施的时间宜早，多在冬前追施，常有“年外不如年里”的说法。

5.2.3.1 返青肥

返青肥对于促进麦苗由弱转壮,增加亩穗数有着重要的作用。但对于苗数较多的一类苗或偏旺而未脱肥的麦田,则不施返青肥或推迟到起身时追施,以控制无效分蘖,达到提高分蘖成穗率,增加亩穗数的目的。生产上大都习惯为追施氮肥,但当基肥未施磷肥和钾肥且土壤供应磷、钾又处于不足的状况时,应适当追施磷肥和钾肥。对于供钾不足的高产田,也可在冬前撒施适量的草木灰;对供肥充足的麦田,切忌过量追施氮肥,且追肥时间不宜偏晚,否则易引起贪青晚熟,导致减产。

5.2.3.2 拔节肥

小麦拔节期,节间迅速生长,小分蘖开始死亡,是生殖生长和营养生长并进时期,对营养的需求量大。通常将全部施肥量的50%～55%于此期追施,但对群体过大(亩茎数超过100万)的麦田,可适当推迟追肥时间,以加速小分蘖死亡,保证大分蘖成穗,追肥量不宜减少。

5.2.3.3 开花灌浆肥

开花灌浆期是小麦粒数和粒重形成的重要时期,管理上要保证较大的功能叶面积和较强的光合能力,促进光合产物向籽粒运转。此期要少施或不施氮肥,补充磷肥。一般多采用根外追肥的方法,每亩可用1～2 kg磷酸二氢钾叶面喷施,也可施锌、锰等微量元素肥料,如每亩用0.1%～0.2%硫酸锌、硫酸锰叶面喷施。

5.3 小麦的叶面施肥技术

叶面施肥方法简单、肥效快，是补充小麦生长期间营养不足的一种经济、便捷、高效的施肥方法。小麦生长中、后期需肥量大，土壤施肥往往难以满足，特别是在小麦生长后期，根系衰老，吸收功能减弱，从土壤中吸收肥料少，若不及时进行营养补充，势必引起早衰，影响产量。但此时麦田往往不便于土壤追肥，因此可采用叶面喷施的方法。叶面施肥是确保小麦高产优质的一项重要措施。

在实际生产中，要根据小麦长势、土壤养分状况和气候等具体情况来选择喷施肥料的品种和确定喷施的时期与浓度。一般可用于小麦叶面喷施的肥料及浓度如下：尿素0.5%～2.0%、硫酸铵1%～2%、氯化钾或硫酸钾1%、磷酸二氢钾0.1%～0.5%、硝酸钾1%～2%、草木灰10%（浸出液）、硼砂或八硼酸钠0.1%～0.2%、硫酸锌0.1%。其中，尿素是最常用的叶面施用氮肥，可提高籽粒品质、防止早衰；磷酸二氢钾是一种高浓度、水溶性、速效磷钾肥，对农作物的种子、幼苗和根部没有灼伤的危险，利用率接近100%，喷施48 h后茎、叶吸收量达到最高峰，于小麦苗期、拔节期、孕穗期、扬花期均可喷施，不仅使小麦茎秆粗壮不倒伏、穗粒增多、提高小麦千粒重，而且能防御小麦青枯和干热风的危害，增强抗旱和耐寒能力，提高小麦的品质和产量。

5.3.1 根据小麦的长势和营养状况进行叶面施肥

根据小麦营养状况选择肥料以及适宜的浓度;在苗期,对氮素营养不足的黄瘦弱苗,可喷施 0.5%～1.0%尿素溶液;对缺乏氮、磷、钾的麦田,应以氮、磷、钾三元肥液混合喷施为好。对于一般麦田,可在小麦扬花期和灌浆初期,配制含氮、磷、钾三元肥液进行叶面喷施;对于后期脱肥或有早衰趋势的麦田,可在小麦抽穗期、灌浆初期和中期,用 2%尿素溶液各喷一次;对于高产麦田和大面积生长正常或偏旺的小麦,为了防止倒伏,可在小麦抽穗后用 0.15%～0.50%磷酸二氢钾溶液连喷 2～3 次。

小麦不同营养素的叶面喷施方法如下:

氮:一般抽穗期至乳熟期均可进行叶面喷施氮肥,对抽穗到乳熟期表现为叶色发黄、脱肥早衰的麦田,应重点喷施氮肥,用 1%～2%尿素溶液进行叶面均匀喷洒,增产效果十分显著;对于没有早衰现象的高产麦田,有可能贪青晚熟的麦田则不用喷施氮肥。

磷:对缺磷麦田,叶面喷施具有明显的增产效果。一般于开花后喷施 2%～4%过磷酸钙溶液或 0.1%～0.5%磷酸二氢钾溶液,可促进籽粒灌浆,提高千粒重,增加产量。若苗期缺磷,可喷施 3%过磷酸钙或 0.1%磷酸二氢钾水溶液补救。

钾:对于底肥未施钾肥或土壤钾含量低或沙壤土,喷施 0.2%～0.5%磷酸二氢钾溶液或用 12.5 kg 草木灰加水 50 kg 过滤后叶面喷洒,可以增加粒重,促进成熟,提高抵抗干热风的能力。

叶面喷施微量元素肥料的效果要优于土壤施用，所以微量元素一般采用叶面喷施的方式补充需要，施用时要根据土壤硼、锌、锰等含量及小麦微量元素缺素症状有针对性地使用微量元素。

硼：缺硼时，小麦叶鞘呈紫褐色，小麦生育期推迟，雄性器官发育受阻，花粉少或畸形，有时无花粉，子房横向膨大，颖壳前期不闭合，后期枯萎，有时有出穗或只开花不结实。一般在小麦孕穗开花期喷施2～3次0.1%～0.2%硼砂或八硼酸钠（钾）溶液，可使小麦开花结实，增粒重、提高产量明显。但在缺硼严重的土壤，可亩用硼砂0.3 kg或颗粒硼肥0.1～0.2 kg与氮、磷、钾肥混合追施，再配合叶面喷施，效果更好。

锰：小麦缺锰，叶肉部分出现许多黄色小斑点，逐渐在叶中上部扩大，呈条状带黄化，叶脉由绿色变为黄色；叶柔软下垂；在三叶期出现，四五叶期最重，有时称之为花叶缩苗病；根系不发达，须根少、发黑，生长缓慢，分蘖少，严重的会死亡。一般在出现缺素症状后用0.1%～0.2%硫酸锰溶液或0.05%～0.10%螯合锰肥溶液进行2～3次叶面喷施，即有良好效果。也可拌种施用，浸种浓度0.05%～0.10%，浸6～10 h，拌种用量2～5 g/kg种子，都可有效防治小麦缺锰症。

锌：小麦缺锌时，麦苗叶片失绿，心叶白化，叶缘呈皱缩或扭曲状，叶脉两侧绿黄发白，呈黄、白、绿三色相间的条纹带，且抽穗迟、穗小粒少。中、后期植株矮小，叶小而脆，根系变黑，空秕粒多，千粒重低。石灰性土壤、沙性土壤、连续过量施用磷肥的农田，一般都易发生小麦缺锌症，可喷施

2～3次0.1%～0.2%硫酸锌水溶液或0.03%～0.05%氧化锌悬浮液，特别在苗期和拔节期喷施效果更佳。

钼：小麦缺钼，叶尖失绿变黄，心叶正常，心叶下二三叶片下垂，略呈螺旋状。沿叶脉平行出现细小的黄白色斑点，并逐渐形成片状，最后使叶片前部干枯，严重时整叶干枯。酸性土壤、缺磷土壤和缺锰过量的土壤容易缺钼。可叶面喷施0.02%～0.05%钼酸铵溶液，连喷2～3次。也可采用钼溶液拌种，每千克种子一般用钼酸铵2～3 g。

铁：缺铁时，小麦出现黄白叶。开始时幼叶失绿黄化，叶脉保持绿色，以后完全失绿，有时一开始整个叶片呈黄白色。可每亩用0.2%～0.6%硫酸亚铁溶液或0.05%～0.10%螯合铁水溶液叶面喷施2～3次。

铜：缺铜时，小麦叶片尖端变白，边缘黄灰色，严重时到了抽穗期不能抽穗。可用0.03%～0.04%硫酸铜溶液进行叶面喷施2～3次。

镁：缺镁时，小麦叶脉间明显失绿，出现清晰网状脉纹，严重时小麦叶片出现褐色坏死斑。可用1%～2%硫酸镁叶面喷施2～3次。

5.3.2 小麦叶面肥施用时期

小麦追肥不宜过晚，否则，既发挥不了肥效，又容易导致植株贪青晚熟。一般土壤施肥不晚于扬花期，而叶面喷施不晚于灌浆期。

开春后对小麦进行叶面喷肥，可促进麦苗长势健壮，抗逆性增强，生长速度加快，达到高峰成穗率、增加产量的目的。小麦中后期保持良好的营养可以延长叶片的功能期，提高光合效率，促进光合产物的转化转运，有利于小麦籽粒灌浆饱满和增重，特别是小麦生育后期，根系进入衰老阶段，吸收能力减弱，根系施肥利用率低，但小麦生长发育还需要适宜的营养水平，这时采用叶面施肥将肥料直接喷洒在叶面上被植株吸收利用，可防止后期缺肥而造成减产，是小麦夺取高产的一项关键措施。

实践证明：在小麦生长的中后期进行叶面施肥，能明显延长叶片功能期，增加籽粒产量，是提高千粒重的有效措施。如小麦拔节期至孕穗期叶面喷施 0.05%～0.10%八硼酸钠(钾)液和 0.3%磷酸二氢钾肥液，每隔 7～10 天喷施 0.1%～0.5%磷酸二氢钾水溶液，可增加粒重、促进成熟，并能提高抵抗干热风的能力；有早衰现象的麦苗喷施 0.5%～1.0%尿素溶液，可延缓植株衰老、增加产量，而施氮量多的麦苗用 0.1%～0.5%磷酸二氢钾溶液，可使茎秆粗壮、抗倒伏。

叶面肥合理混合喷用，不仅省工、省时，且可提高肥效。如氮、磷肥混喷，氮、磷、钾肥与微量元素肥料混喷，肥料与调节剂或复合营养剂混喷等，在病虫害发生的麦田，可采用肥、药混喷，在肥液中配入相应的农药，既施肥又防治病虫害，一喷多效，既经济又高效。但磷酸二氢钾不宜同碱性农药(如石硫合剂、波尔多液等)混合使用，以免发生反应而降低肥效和药效。另外，在进行混喷时，还应注意用现配的，混合配好后要及时喷用，以防肥效损失。

进行叶面喷施时，肥液必须喷在绿色叶片或绿色茎秆、麦穗上才能起作用。喷施时叶片的正、背面都应喷洒，且要尽量喷洒均匀，雾滴越细越好。为提高叶片养分吸收效果，要适量使用有机硅等表面活性剂。对叶面喷肥一般要错开扬花期，以免影响小麦的正常授粉和受精。若需在扬花期喷施肥料，应尽可能错开上午 9—11 时和下午 3—6 时两个扬花高峰时段，否则，若在这两个时间喷施，花粉和花粉管就会因吸水膨胀而破裂，致使不能受精、结实而影响产量。此外，由于晴天中午气温高，蒸发最大，肥料利用率低，也容易造成肥料烧叶，故切忌在晴天中午前后进行叶面喷施，而且雨前、风雨天也不宜喷施，若喷后 24 h 内遇雨应重喷。

5.4 滴灌小麦水肥管理技术

滴灌春小麦生育期滴水 8～9 次，灌水周期每 8～10 天灌 1 次水，灌水量 280 m^3/亩左右。结合生育期滴水滴施尿素 30～35 kg、磷酸二氢钾 8～10 kg，肥料随水滴入麦田。小麦生育期灌溉时间、灌水量和施肥量如下：

播种—出苗期：时间 3 月下旬，灌出苗水，灌水量 40～45 m^3。

二叶一心期：灌水量 35～40 m^3，进行全层施肥的地块，此期原则上不施肥。

拔节至抽穗期：灌水 2 次，第一次亩灌水量 30～35 m^3；第二次亩灌水量 25～30 m^3。亩共滴施尿素 8～9 kg（或液氨 3～4 kg）、磷酸二氢钾 2～3 kg。

抽穗至扬花期：灌水 2 次。第一次亩灌水量 30～35 m^3；第二次亩灌水量 25～30 m^3。亩共滴施尿素 10～12 kg、磷酸二氢钾 3～4 kg。

扬花至灌浆期：灌水 2 次，每次亩灌水量 25～30 m^3，亩共滴施尿素 8～9 kg、磷酸二氢钾 2 kg。

乳熟至成熟期：乳熟初期灌水量 20～25 m^3，随水滴施尿素 3～4 kg/亩，起到养根护叶、增粒重的效果。适期正确把握麦黄水（乳熟期或蜡熟初期），土壤含水量较低的麦田，可增加一次灌水，灌水量 15 m^3，灌水量宜小不宜大，亩施尿素 1～2 kg。

第6章　小麦有害生物及其防治技术

6.1　小麦病害

6.1.1　小麦散黑穗病

6.1.1.1　分布与危害

小麦散黑穗病是由担子菌亚门小麦散黑粉菌引起的真菌病害，小麦单株一旦发病，产量损失近100%。一般发病地块病穗率为1%～5%，严重地块可达10%以上，可引致小麦减产5%以上。

散黑穗病病菌一般潜伏在小麦种胚中，依靠花器侵染发病，1年侵染1次，发病部位在穗部。小麦开花期若遇有长时间细雨或多雾环境，则利于病菌孢子萌发和侵入。小麦散黑穗病作为一种典型的种传病害，种子带菌是唯一的传播途径，切断传播途径则是有效防除该病害最有效的措施。

6.1.1.2　症状表现

小麦散黑穗病仅为害小麦且以穗部为主。病株抽穗较健穗早，初期病穗外面包有一层灰白色薄膜，病穗尖端露出苞叶时，即有黑粉（病菌孢子）散出，黑粉吹散后，只残留裸露的穗轴。病穗上的小穗几乎全部被毁，一株发病，主茎和所有分蘖都出现病穗。品种之间抗病性有差异。在抗病品种中也有部分分蘖穗能正常结实。

6.1.1.3 发病规律

散黑穗病的侵染循环周期为一年。小麦开花时，病株的病菌孢子，散落在柱头上，萌发长成菌丝侵入子房，随后进入种子胚部和子叶盘，随种子成熟而进入休眠阶段。感病麦粒和健粒外形没有区别。但播种后，潜伏的菌丝即随寄主的发育而向上伸展；到孕穗期，菌丝体在小穗内迅速发展破坏花器，形成厚垣孢子造成病穗；抽穗后即破裂随风飞散传播。抽穗扬花期的气候对病菌的侵入有很大影响，气温低，湿度高，多雾气及微风有利于孢子传播发芽侵入。当年种子带菌率高，来年发病就重；反之，当年种子带菌率低，第二年发病就轻。

6.1.1.4 防治措施

(1)农业防治

① 拔除病株。在小麦抽穗前，加强田间检查，发现病株立即拔除，可减少病菌传播，以减轻次年病害的发生。

② 适时播种，提高播种质量，促进麦苗茁壮早发，增强麦苗的抵抗力，以减少种苗黑穗病的侵染机会。

③ 搞好无病种子田繁种。由于散黑穗病菌依靠空气传播，繁种应搞好隔离，无病繁种田的种子应使用严格处理后的无菌种子。

(2)种子处理

① 变温浸种。先将麦种用冷水预浸 4～6 小时，涝出

后用52～55 ℃温水浸1～2分钟，使种子温度升到50 ℃，再捞出放入56 ℃温水中，使水温降至55 ℃浸5分钟，随即迅速捞出，经冷水冷却后晾干播种。

② 恒温浸种。把麦种置于50～55 ℃热水中，立刻搅拌，使水温迅速稳定至45 ℃，浸3小时后捞出，移入冷水中冷却，晾干后播种。

③ 石灰水浸种。用优质生石灰0.5 kg，溶在50 kg水中，滤去渣滓后静浸选好的麦种30 kg，要求水面高出种子10～15 cm，种子厚度不超过66 cm，气温20 ℃浸3～5天，气温25 ℃浸2～3天，气温30 ℃浸1天即可，浸种以后不再用清水中洗，摊开晾干后即可播种。

④ 拌种。25%三唑酮可湿性粉剂用种子量的0.2%拌种，或70%甲基硫菌灵可湿性粉剂用种子量的0.3%拌种，或用75%萎锈灵可湿性粉剂按种子重量63%拌种，或用40%拌种双可湿性粉剂0.1 kg，拌麦种50 kg或用50%多菌灵可湿性粉剂0.1 kg，兑水5 kg，拌麦种50 kg，拌后堆闷6小时。

(3)化学防治

播种前用50%多菌灵可湿性粉剂1.2～1 .5 kg/亩，加细土30～50 kg/亩，翻入土中进行土壤处理；或用70%甲基硫菌灵可湿性粉剂1.2～1.5 kg/亩，加细土30～50 kg/亩，翻入土中进行土壤处理。

6.1.2 小麦腥黑穗病

6.1.2.1 分布与危害

小麦腥黑穗病又称腥乌麦、黑麦、黑疸，是由腥黑穗病菌引起的真菌性病害。小麦腥黑穗病是局部发生病害，小麦发病情况不严重时会导致面粉品质下降，严重时直接失去食用价值。小麦腥黑穗病传播途径广、发生蔓延快，发病后造成小麦减产，重发时造成小麦绝收，染病麦粒中含有带腥臭味的有毒有害物质三甲胺，染病小麦不仅麦粒品质下降，而且人畜食用后会引起身体不适或中毒，病粒流入市场严重威胁人畜生命安全。

6.1.2.2 症状

病株较健株矮，分蘖稍多。麦子成熟时，病株高度比一般小麦稍矮，感病麦穗比健康麦穗短且直，开始为暗绿色，随着麦穗发黄成熟，逐渐变为灰黑色，远观特征明显。病穗麦芒和颖壳均向外张开，与麦穗几乎呈垂直状态，露出里面灰黑色或灰白色病粒。感病麦粒较正常麦粒短粗，外面包着一层灰包膜，里面充满黑色粉末。感病麦粒破裂，就散发一种叫三甲胺鱼腥味的气体，故称腥黑穗病。

6.1.2.3 发病规律

病菌以厚垣孢子的形式进行传播，方式主要是孢子附着在种子表面或混入土壤、粪肥中，大风也是孢子远距离传播的途径之一。在小麦种子发芽时，厚垣孢子也跟着萌发，从芽鞘侵入麦苗并到达生长点，后随着小麦不断发育而不断生长，到了孕穗期，病菌侵入子房，破坏花器，小麦抽穗时，会在小麦籽粒内再次形成厚垣孢子（即菌瘿）。小麦腥黑穗病菌孢子萌发适温为 16～20 ℃，侵入麦苗温度为 5～20 ℃，最适温度为 9～12 ℃；发病率的高低一般受病菌数量、土壤温度、水分含量、光照强弱、栽培管理条件等多种因素的影响。湿润土壤（含水率为 13%左右）有利于孢子萌发和侵染。一般播种较深，麦苗出土时间延长，病菌侵染的机会将会增加，病害往往发生较重。菌量高时发病重，冬麦晚播、春麦早播或播种较深、覆土较厚者，不利于麦苗生长，会增加病菌侵染机会，发病重。地下害虫发生重的田块，幼苗出土后植株虫食伤口多，也加大了病菌侵染机会，发病较重。

6.1.2.4 防治措施

(1)加强检疫

做好产地检疫，禁止将未经检疫且带有小麦腥黑穗病的种子调入未发生区，对来自疫区的收割机要进行严格的消毒处理。零星病田拔除病株，轻发病田剪穗烧毁，重发病田全田烧毁。

(2)农业防治

① 严格管理小麦腥黑穗病菌发生区麦种，防止染病的小麦种子带菌传播。选用抗病性好、丰产性好、适应性广的末携带小麦腥黑穗病菌的种子。

② 使用无病菌腐熟粪肥，提倡堆沤农家肥时不用小麦秸秆、麦糠等病残体作原料，避免粪肥带菌传播。

③ 小麦腥黑穗病发生区实行与非禾谷类作物轮作，轮作3～7年对小麦腥黑穗病防效较好。

④ 加强小麦田间栽培管理，深翻耙耱，开沟排湿，适期播种，施用氮、磷、钾多元复合肥，适当浅播早播，免耕栽培，减少病原菌侵染机会。

⑤ 种子处理

用种子质量0.15%～0.20%的20%三唑酮或0.10%～0.15%的15%三唑醇、种子质量0.2%的40%福美双、种子质量0.2%的50%多菌灵、种子质量0.2%的70%甲基硫菌灵、种子质量0.2%～0.3%的20%萎锈灵等药剂拌种和闷种。

(3)土壤处理

重病田应采取药剂拌种加土壤处理的办法。每亩可用50%多菌灵可湿性粉剂2～3 kg,或70%硫菌灵可湿性粉剂1.0～1.5 kg兑细干土50 kg,搅匀制成毒土,在犁地后均匀撒在地面,再耙地,进行土壤消毒处理,然后播种。

6.1.3 小麦条锈病

6.1.3.1 分布与危害

小麦条锈病是条形柄锈菌，属于气传叶部病害，是小麦生产中易发的流行性、毁灭性病害之一,对小麦的安全生产极为不利,发生程度轻的田块减产幅度一般在10%～30% ,严重发生的情况下可造成减产幅度超过50%。小麦条锈病目前在我国常发的区域有山东、河北、陕西、河南等省,给小麦安全生产带来了很大的影响。病原菌可以在高空气流等的作用下传播很远的距离,表现出快速蔓延性、突发性、难以有效监测、发生后损失严重等特点。

小麦条锈病的主要危害部位为小麦的叶片,有时候也会对其他部位产生危害,如麦穗、茎秆、颖壳、叶鞘等。小麦条锈病发病后主要表现为小麦植株叶片的绿色褪去,发病部位上有疱斑发生,为鲜黄色或黑色,在叶片上成行排列。一般小麦条锈病在小麦植株上发病的部位较多、面积大,对叶片的光合作用影响大,导致小麦减产严重。一般小麦条锈病每2～3年中度流行发生1次，6年左右重度发生1

次，造成的产量损失巨大、造成小麦品质不佳。

6.1.3.2 症状

小麦条锈病主要为害小麦的叶片，其次为害小麦的叶鞘、茎秆、穗部。苗期染病的幼苗叶片上会产生多层轮状排列的鲜黄色夏孢子堆；成株叶片初发病时夏孢子堆为小长条状，鲜黄色，椭圆形，与叶脉平行且排列成行，呈虚线状，后期表皮破裂出现锈褐色粉状物；小麦近成熟时，叶鞘上出现圆形至卵圆形黑褐色夏孢子堆，散出鲜黄色粉末，即夏孢子。

后期病部产生黑色冬孢子堆。冬孢子堆呈短线状埋伏在表皮内，成熟时不开裂，区别于小麦秆锈病。从小麦条锈病的症状表现和对小麦的为害上来说，条锈病的病害菌一方面会吸收小麦株体内的水分和养分，造成小麦体内的各类生理代谢功能失调，破坏病株叶片中的叶绿素，导致小麦制造有机养分的光合作用大幅削弱，另一方面会破坏病株的表皮细胞，从而加大小麦苗株内的水分蒸腾流失量。条锈病不仅会导致小麦出现异常，而且还会对麦穗发育产生抑制作用，导致小麦灌浆不充实、空壳秕粒、籽粒干瘪、千粒重下降。

6.1.3.3 发病规律

在小麦条锈病发病后期，病害部位的孢子堆会在病体受害部位的表皮组织下形成黑色、狭长型的条状冬孢子堆，这些冬孢子堆将成为次年小麦条锈病发病与传播病害的病菌源。当次年春季温度达到 5 ℃及以上时，条锈病的病菌即可大肆繁殖和传播。一般情况下，小麦条锈病在小麦出苗到成熟收割前都可能会染菌发病，只要温度适宜，该病的病菌在冬季气温 2～3 ℃以上的环境中依然会繁殖传染，在气温低于零摄氏度以下时就会越冬。使用易感病品种、土壤墒情好、田间湿度大、种植密度大、长势过旺的麦田，尤其是温暖湿润的冬季、回温早或降水多的春季，小麦条锈病的发病时间早、发病情况比较严重。此外，对于播种过早、过密、过深及长势较弱的小麦，也会加重小麦条锈病的发生与为害程度。

6.1.3.4 防治措施

(1)农业防治

① 抗病品种。在种植小麦前，要选择种植优良的小麦品种，尤其选择抗条锈病能力强的小麦品种。同时做到抗源布局合理及品种定期轮换。在应用抗病品种时，注意合理布局抗锈品种。避免品种单一化，但也不能过多，防止丧失抗性。优良的品种是预防小麦条锈病的关键前提。

② 适期种植。选择合适的种植时期也能够适当预防小麦条锈病的发生。种植小麦时，可以采取适时晚播的方法，切忌不可以过早播种，晚播可以避开小麦条锈病的高发期，降低小麦苗期感染条锈病的风险。

③ 翻耕灭茬。对于发生小麦条锈病的麦田，在小麦成熟收获后，及时彻底清理田间残留的麦秆、麦叶、杂草等容易寄生条锈病菌的杂物；把麦田中的自生麦和带有病菌的杂物移出田地外进行集中性焚烧或深埋；及时对土壤进行深耕、翻晒、灭茬处理，以此减少田间条锈病菌的数量，切断小麦条锈病害菌的传播途径。

④ 适量播种。小麦播种过早、过晚或过密，都容易诱发和加重小麦条锈病的发生。因此，在播种小麦时应结合

当地的气候条件、墒情状况及小麦品种等实际情况，在适播期内及时播种。

⑤ 水肥管理。合理增施腐熟的有机肥、生物菌肥及磷钾肥，严格控制氮肥施用量，以此来培育健壮且抗病性较强的小麦苗株，预防小麦因贪青旺长而加大染病风险。适量地浇水，在土壤湿度较大或集中降水后，要注意及时中耕散湿和挖沟排水，尤其在小麦生长后期且病发较重的地区，应注意适度控水，以防加重病害而造成更大的损失。

(2)化学防治

对于小麦条锈病发病率较高季节，当发现麦田中出现条锈病后，应及时有针对性地选择药物进行喷施防治，以防病情继续发展和蔓延。在药物的选择与使用上，可以按照每亩 15％粉锈宁可湿性粉剂 60 g、25％粉锈宁可湿性粉剂 30 g、15％三唑酮粉剂 80 g、12.5％特普唑可湿性粉剂 30 g、25％烯唑醇粉剂 40 g 或 20％三唑酮乳油 1500 倍、25％丙环唑 2000 倍或 20％粉锈宁乳油 40 mL、45％丙环唑乳剂 20 mL 等药物，兑水 50～60 kg 进行喷施防治。

6.1.4 小麦叶锈病

6.1.4.1 分布与危害

小麦叶锈病是由小麦叶锈菌引起的真菌性病害，具有破坏性强，循环式侵染，专性寄生等特点。

小麦叶锈病是禾谷类锈病中分布最广、发生最普遍的一种小麦病害，全世界小麦种植区，包括北美、欧洲、亚洲、大洋洲、非洲等的许多国家都有发生。中国小麦叶锈病以西南和长江流域一带发生较重，华北和东北部分麦区也较重。华北冬麦区1969年、1973年、1975年和1979年叶锈病大流行，东北春麦区1971年、1973年、1975年和1980年中度流行，均造成相当大的经济损失。新疆的南疆也有点片发生，但因气候干旱，发病率较低。

6.1.4.2 症状

小麦叶锈病主要发生在叶片上，也为害叶鞘。夏孢子堆多生于叶片正面，较小，红褐色、橘红色，圆形至长椭圆形，不规则散生，覆盖夏孢子堆的寄主表皮均匀开裂。在幼苗叶片上，也保持这些特点。叶锈病病原菌的冬孢子堆较小，圆形至长椭圆形，黑色，散生，寄主表皮不破裂。抗病品种叶片上的夏孢子堆小，周围叶片组织枯黄或褪绿。

6.1.4.3 发病规律

小麦叶锈菌夏孢子萌发后长出芽管，沿叶表生长，遇到气孔后，芽管顶端膨大形成附着胞。附着胞下方长出侵入丝，在气孔下腔内形成泡囊，再长出侵染菌丝，在叶肉细胞间隙蔓延生长，以吸器伸入寄主细胞内，夺取寄主的营养。叶锈菌除典型的从气孔侵入外，还可以直接侵入寄主细胞。芽管在叶表面延伸，顶端稍膨大形成附着胞，直接侵入寄主组织。病菌侵入后形成夏孢子堆和夏孢子，进行再侵染。后期在叶片背面或叶鞘表皮下长出排列散乱的黑色冬孢子堆。

小麦收获后叶锈菌转移到自生麦苗上越夏，秋季就近侵染秋苗，并向邻近麦田传播。秋苗发病后，病菌以菌丝体潜伏在叶片内或少量以夏孢子越冬，冬季温暖地区，病菌不断传播蔓延。小麦返青后，平均温度稳定在10 ℃以上时，病菌侵入新生叶片。温度回升早，并有雨露配合，叶锈病提早发展，发病重。本病的发生流行同品种、菌源、天气等因素有关。小麦播种早，出苗早，发病重。冬季气温高，雪层厚，覆雪时间长，土壤湿度大发病重。越冬菌源多、春季气温高、雨水多，尤其是小麦抽穗前后降雨多，或田间小气候湿度高，叶锈病往往容易流行。

6.1.4.4 防治措施

参见小麦条锈病防治措施。

6.1.5 小麦白粉病

6.1.5.1 分布与危害

小麦白粉病病原为子囊菌亚门真菌中的禾布氏白粉菌，在世界范围内广泛发生，目前已成为我国 20 多个省（区、市）小麦生产中的重要病害之一。该菌为专性寄生菌，只能在活的寄生组织上生长繁殖，主要危害小麦，有时也可侵染黑麦和燕麦。小麦白粉病在苗期至成株期均可对小麦造成危害，主要危害叶片，严重时可危害叶鞘、茎秆和穗部。病斑近圆形或椭圆形，在叶片表面形成一层白粉状霉层，霉斑最初白色，发病严重时病斑连成一片，形成白色至浅灰色的霉层，后逐渐变为浅灰色，上面散生黑色小点，为病菌的闭囊壳。国外在病害发生的一般年份，小麦减产可达 5%～10%，严重年份能达到 13%～34%。

6.1.5.2 症状

叶片上初生近圆形、椭圆形的褪绿斑，不久表面产生白粉状霉斑，其霉层厚度可达 2 mm 左右，易于识别。霉层由病原菌的菌丝、分生孢子梗和分生孢子构成，可渐变为灰色至浅褐色。后期霉层中还可能生出许多黑色小粒点，即病原菌的闭囊壳。严重时，病斑连成一片，叶片被霉层覆盖，发黄枯死。叶鞘、茎秆和穗部也可被白粉菌侵染，产生病变，出现白粉状霉斑。发病较早、较重的植株分蘖数减少，根系发育不良，矮小瘦弱，不能抽穗或抽出的穗短小；发病较晚的植株穗粒数减少，千粒重降低。

6.1.5.3 发病规律

小麦白粉病是一种真菌性病害，以菌丝体潜伏于冬麦病苗上越冬。春季随小麦返青、生长，菌丝萌动侵染发病；春小麦上的白粉菌，可由冬小麦上的白粉菌或外来菌源侵染而成。

发病后病部产生大量的分生孢子(白粉状物)借助气流传播不断侵染小麦健康的植株和部位，使病害得以发展。后期病部形成闭囊壳，麦收后即以闭囊壳于干燥处越夏。秋季，分生孢子及闭囊壳中的子囊孢子又可借风雨传到冬麦秋苗上进行侵染，以后以菌丝形式潜伏在病组织内越冬。

因白粉菌对温度和湿度的适应范围很广，在相对湿度0～100％及温度0～18 ℃间分生孢子均可萌发；因而生长季中，高温干旱与高温高湿交替出现最有利于白粉病的发生流行。此外，偏施氮肥，种植过密，通风透光不良也有利于发病。

6.1.5.4 防治措施

(1)农业防治

① 选用抗、耐病品种。种植抗、耐病丰产良种是经济易行且有效的方法，诸如生产上应选用豫麦34、周麦16等抗病、耐病品种，从根本上减轻或限制小麦白粉病的流行危害。

② 加强栽培管理。合理密植，提倡精量、半精量适时播种，控制田间群体密度；合理施肥浇水，避免偏施氮肥，做好氮、磷、钾肥平衡施肥。适量增施磷肥可明显降低病情。冬季灌饱，春季尽量不灌或少灌，严禁大水漫灌，降低发病高峰期的田间湿度。

③ 做好病情监测预报。建立白粉病系统测报点，做好监测，根据气象因素、品种布局、小麦长势等准确预测，及时发布病情预报，进行科学防治。

(2)化学防治

① 用15%的粉锈宁或50%多菌灵可湿性粉剂，按种子量的0.2%～0.3%对种子进行处理。随拌随播，能有效控制秋苗菌源数量。

② 用15%粉锈灵750～900 g/hm^2 或25%粉锈灵525 g/hm^2 兑水750～1125 kg喷雾或兑水75.0～112.5 kg低量喷雾，施用粉锈灵以孕穗至破口期施药较好，施1次即可。对于特别严重的病田增加施药次数，也可用50%甲基托布津可湿性粉剂800～1000倍液或70%甲基托布津可湿性粉剂1500倍液喷雾防治。

6.1.6 小麦全蚀病

6.1.6.1 分布与危害

小麦全蚀病是一种世界性的小麦病害，在全世界各小麦种植区均有发生。小麦全蚀病，又被称为小麦立枯病和黑脚病，主要发生于农作物根部，侵害根部和茎基部一二节。容易感染小麦全蚀病的农作物主要有大麦、小麦和玉米等，农作物受到小麦全蚀病的侵害后，苗期会使作物矮小、叶子偏黄，根茎成灰黑色的病变，甚至会直接造成小麦连片干枯死亡；拔节期返青缓慢、分蘖少，根部呈黑色，还会在茎基部或叶鞘内产生黑色菌丝层。小麦全蚀病属于土传病害，可以在土壤中有活数年。全蚀病病发后蔓延速度非常快，从零星发病到成片受灾死亡只需要数年时间，轻者产量减少 10%，重者则减产 50%以上，甚至绝收。

6.1.6.2 症状

小麦全蚀病在苗期和成株期均可发病，以近成熟时病株症状最为明显。幼苗期病原菌主要侵染种子根、茎基部，使之变黑腐烂，部分次生根也受害。病苗基部叶片黄化，心叶内卷，分蘖减少，生长衰弱，严重时死亡。病苗返青推迟，矮小稀疏，根部变黑加重。拔节后，茎基部 1～2 节叶鞘内侧和茎秆表面在潮湿条件下形成肉眼可见的黑褐色菌丝层，这是全蚀病区别于其他根腐病的典型症状。重病株地上部明显矮化，发病晚的植株矮化不明显。由于茎基部发病，植株早枯形成“白穗”，田间病株成簇或点片状分布，严重时全田植株枯死。

6.1.6.3 发病规律

病菌主要以菌丝体随病残体在土壤中越夏或越冬，成为翌年的初侵染源；存活于未腐熟有机肥中的病残体也可作为初侵染源；以寄生方式在自生麦苗、杂草或其他作物上的全蚀病菌也可以传染下一季作物。上述各类初侵染源中以病残体上的菌丝作用最大。子囊孢子落入土壤后，萌发和侵染受到抑制，虽能导致发病，但其作用远不如病残体中的菌丝重要。小麦全蚀病菌为土壤寄居菌，病原在土壤中的存活年限因试验条件和方法不同，其结果也不一致，从

1～2 年至 3～5 年不等。此病是一种土传病害，施用带有病残体的未腐熟的粪肥也可传播病害。田间浇水、翻耕犁耙等均可导致病菌在较近距离扩散。

6.1.6.4 防治措施

(1)植物检疫

综合防治小麦全蚀病的重要措施之一就是对麦种进行检疫，也就是做好小麦播种前的准备工作。麦种播种前先到当地的检疫部门进行全面检疫，避免因没有检疫或检疫不当而提高小麦全蚀病的发病率。检疫部门要制订严格规范的操作流程，严禁使用检疫不合格的麦种，并对于违反相关检疫条例的个人或公司进行依法处理，从麦种根源上杜绝小麦全蚀病的传播和流行。

(2)农业防治

① 合理轮作。重病区轮作倒茬可控制全蚀病危害，零星病区轮作可延缓病害扩展蔓延。轮作应因地制宜，坚持 1～2 年与非寄主作物轮作 1 次，如花生、番茄、甜菜、蓖麻、绿肥等。

② 合理施肥。增施有机肥，提高土壤有机质质量分数，每亩施用腐熟有机肥 5000 kg。无机肥应注意氮、磷、钾肥的配比，土壤速效磷达 0.06%、全氮质量分数为 0.07%、有机质质量分数在 1%以上时，全蚀病发展缓慢；速效磷质量分数$<$0.01%时，全蚀病发病重。

③ 选用抗病能力较强的麦种。

④ 精细耕作。针对小麦全蚀病得病率较高的地块，清洁田园病残体，减少土壤中菌丝体数量。深翻耕地、精细耕地，保障小麦壮苗早发。

(3)化学防治

① 可用12%三唑醇可湿性粉剂按种子质量0.02%～0.03%拌种,或用2.5%适乐时种衣剂按1∶1000包衣处理。

② 药剂灌根。针对小麦全蚀病、纹枯病发病率较高的麦田,在小麦返青期使用22.9%三唑酮100 mL兑水50 kg对小麦进行灌根,可防治多种土传病害,兼治白粉病和锈病等。

6.2 小麦虫害

6.2.1 小麦蚜虫

6.2.1.1 分布与危害

小麦蚜虫是影响世界和我国小麦产量的重要害虫之一,小麦蚜虫主要有麦长管蚜、麦二叉蚜、禾谷缢管蚜,是通过吸取寄主汁液、大量聚集在叶片、茎秆和穗部排泄蜜露等影响植株的呼吸和光合作用,传播病毒导致小麦黄矮病和黄叶病的发生,造成小麦减产。麦蚜造成小麦减产的同时,也严重危害小麦的营养品质。

麦长管蚜喜光照、较耐湿、喜食穗部。在小麦上垂直分布,随小麦生长而逐渐向上部叶片蔓延,在拔节、孕穗期多在上部叶正面为害,尤其是抽穗后绝大多数集中于穗部为害。

麦二叉蚜怕光照、喜干旱、喜食幼苗。常在苗期开始为害,拔节期多在植株下部叶背聚集为害,为害能力强,被害部位的周围形成黄色枯斑;孕穗期为害部位上移,在旗叶下第2叶、3叶背面居多,一般很少为害穗。

禾谷缢管蚜刺吸麦株叶片、叶鞘和嫩穗的汁液。春季先在麦苗下部叶鞘、叶背为害,孕穗以后转移到麦株上部和麦穗上繁殖为害。

6.2.1.2 蚜虫种类

(1)麦长管蚜

无翅孤雌蚜呈长卵形,草绿色至橙红色。头部略显灰色,复眼为鲜红色。触角细长,黑色。腹部两侧有不太明显的灰绿色斑,腹管为黑色,长圆筒形,长度为体长的1/4,端部有网纹。尾片呈长圆锥形,尾板末端呈圆形。足为浅绿色,腿节端部、胫节端部及跗节为黑色。

有翅孤雌蚜呈椭圆形,绿色。复眼为鲜红色。触角为黑色,与体等长。腹管呈长圆筒形,黑色,端部具横行网纹。尾片呈长圆锥状。前翅中脉3分叉。

(2)麦二叉蚜

无翅孤雌蚜呈卵圆形,浅绿色,背中线为深绿色。复眼为漆黑色。触角大部分为黑色,为体长的2/3。腹管为浅黄绿色,短圆筒形,表面光滑,端部为黑色。尾片呈长圆锥形。尾板末端为圆形。

有翅孤雌蚜头、胸部为灰黑色,腹部为绿色,腹背中央有深绿色纵纹。触角大部分为黑色,6节,比体长略短。腹管呈圆筒形,除末端暗色外,其余为绿色。前翅中脉分两叉。

(3)禾谷缢管蚜

无翅孤雌蚜呈宽卵形,橄榄绿至黑绿色,嵌有黄绿色纹,被有薄粉。复眼为黑色。触角有6节,黑色,长度约为体长的70%。腹管为黑色，长圆筒形，端部缢缩呈瓶颈状，有瓦纹，基部四周有锈色纹。尾片呈长圆锥形，中部收缩。

有翅孤雌蚜呈长卵形，头部、胸部为黑色，腹部为深绿色，腹部2～4节有大型缘斑，7～8腹节背中有横带，节间斑为黑色。触角长度短于体长。腹管呈圆筒形、黑色、短，端部缢缩，呈瓶颈状。

6.2.1.3 发生规律

麦长管蚜通常在小麦植株周围的土壤间隙或小麦幼苗基部越冬。当温度升高时，麦长管蚜会在麦基附近蚕食。麦长管蚜有迁飞习性，喜欢阳光，经常以树叶为食。小麦幼苗期，麦长管蚜常分布在根茎和叶鞘中；小麦花期，麦长管蚜通过圆锥花序逐渐移动到小麦上部；小麦收获后，杂草成为麦长管蚜的寄主，翌年秋季再向麦田迁移。影响麦长管蚜发生的因素很多，其中，气候是最重要的影响因素。麦长管蚜的发育温度通常为15 ℃，适合潮湿的环境，不耐高温。如果环境温度低于－2 ℃，麦长管蚜无法越冬。如果春季遇到暴风雨天气，可以降低麦长管蚜的密度。小麦栽培管理水平，如播种期和施肥量，直接影响麦长管蚜的发生率；如果小麦提前种植，麦长管蚜向小麦田迁移的时间将提前；如果小麦穗型紧凑、生育率高，小麦受害程度则相对严重。

麦二叉蚜1年生20～30代。冬春麦混种区和早播冬麦田种群消长动态：秋苗出土后开始迁入麦田繁殖，3叶期至分蘖期出现一个小高峰，进入11月上旬以卵在冬麦田残茬上越冬。翌年3月上中旬越冬卵孵化，在冬麦上繁殖几代后，有的以无翅胎生雌蚜继续繁殖，有的产生有翅胎生蚜在冬麦田繁殖扩展，4月中旬有些迁入到春麦上，5月上中旬大量繁殖，出现为害高峰期，并可引起黄矮病流行。麦二叉蚜在10～30 ℃发育速度与温度正相关，7 ℃以下存活率低，22 ℃胎生繁殖快，30 ℃生长发育最快，42 ℃迅速死亡。该蚜虫在适宜条件下，繁殖力强，发育历期短，在小麦拔节、孕穗期，虫口密度迅速上升，常在15～20天，百株蚜量可达万头以上。

禾谷缢管蚜每年发生10余代至20代以上。在北方寒冷地区，禾谷缢管蚜以卵在桃、李、杏等李属植物上越冬。翌年春季越冬卵孵化后，先在树木上繁殖几代，再迁飞到小麦等禾本科植物上繁殖为害。秋后产生雌雄性蚜，交配后在李属树木上产卵越冬。在冬麦区或冬麦、春麦混种区，以无翅孤雌成蚜和若蚜在冬麦上或禾本科杂草上越冬。冬季天气较温暖时，仍可在麦苗上活动。春季主要危害小麦，麦收后转移到玉米、谷子自生麦苗上，夏、秋季持续为害，秋后迁往麦田或草丛中越冬。冬季潜伏在麦苗根部、近地面的叶鞘中、杂草根部或土缝内。禾谷缢管蚜在温度30 ℃上下发育最快，较耐高温，畏光喜湿，不耐干旱。

6.2.1.4 防治措施

(1)农业防治

① 清除田间杂草与自生麦苗，减少麦蚜的适生地和越夏寄主。

② 科学合理施肥，提高小麦抗虫性，促进小麦生长。

③ 调整作物的布局，抑制蚜虫迁移和控制虫源。

(2)生物防治

蚜虫的天敌很多，分捕食和寄生两类。其中，对麦蚜控制作用较强的捕食天敌有：各种瓢虫、草蛉、食蚜蝇和花蝽等，寄生性天敌有多种蚜茧蜂，这些天敌在和田地区的麦田里数量较多，据调查，麦田益害比在 1∶150 以上时，天敌可将麦蚜控制在防治指标以下，不必用药防治。麦田用药防治蚜虫也要注意科学用药，选用对天敌安全的选择性药剂。

(3)化学防治

在小麦百株（包括茎叶）蚜量早熟品种达 1000 头，晚熟品种达 500 头的田块，应采取药剂防治。重发年份需在 3 月底 4 月初麦蚜未迁飞扩散时，及早对麦田边、畦埂处喷一次灭蚜药剂，可以降低当年的危害。对于麦田的蚜虫要注意在蚜量的两个高峰期前防治（第一个高峰期在 5 月初，第二个高峰期在 5 月中下旬），才能达到较好的效果。

抗蚜威用量为 10 g/亩，兑水 25 kg，均匀喷洒；蚜虱净用量为 10～20 g/亩，兑水 20～30 kg，均匀喷洒。也可选用 15%氯氟·吡虫啉悬浮剂、70%吡虫啉水分散粒剂（45～60 g/hm^2）、双丙环虫酯等药剂。

6.2.2 麦蜘蛛

6.2.2.1 分布与危害

麦蜘蛛在我国小麦生产区均有分布，主要有麦圆蜘蛛、麦长腿蜘蛛，在小麦出苗至抽穗期间，以成、若虫吸食麦叶汁液，受害麦叶上出现细小白点，后麦叶变黄，麦株生育不良，造成其植株矮小，穗少粒轻，严重的全株干枯而死。根据有关资料显示，麦圆蜘蛛常年造成减产 10%～20%，严重的地区可减产 40%以上。除小麦之外，对大麦、豌豆、蚕豆、油菜、玉米等作物也进行危害。

6.2.2.2 形态特征

麦圆蜘蛛一般有卵、若螨、成虫 3 个虫态。

卵：椭圆形，极小长 0.20～0.24 mm，宽约 0.10～0.14 mm，表面皱缩，初产时暗褐色，后变淡红色，外被白色胶质。

若螨：共 4 龄。1 龄称幼稚螨，3 对足，体初为淡红色，后渐变为草绿色至黑褐色。2 龄、3 龄、4 龄若螨 4 对足，体似成螨，体形长约 0.5 mm，体形比成螨小，体色由淡红色逐渐转至深黑色，肛门红色。

成虫：体长 0.60～0.98 mm，宽 0.43～0.65 mm，体色乌黑或深红色，4 对足，第 1 对长，第 4 对居第二长，第 2、3 对等长。足、肛周围红色。

6.2.2.3 发生规律

麦圆蜘蛛每年发生 2～3 代，春季繁殖 1 代，秋季 1～2 代完成，1 个世代 46～80 天，以成虫或卵及若虫越冬。

多行孤雌生殖，每只雌虫平均产卵 20 多粒，春季多把卵产在小麦分蘖丛或土块上，秋季多产在须根或土块上，多聚集成堆，每堆数十粒，卵期 20～90 天。

麦长腿蜘蛛喜温暖、喜干旱，发生的最适宜温度为气温 18 ℃左右，湿度 50%以下；麦圆蜘蛛则与之相反，喜阴暗潮湿，最适宜发生温度为气温 12 ℃，湿度 80%以上。麦圆蜘蛛活动时间基本在傍晚、晚上，而麦长腿蜘蛛则多活跃于早上至下午。

6.2.2.4 防治措施

(1)农业防治

①灭茬增肥。利用麦圆蜘蛛以卵越冬的习性，麦收后

深耕灭茬，减少虫口密度。施足底肥，促进麦苗健壮生长，以增强抗虫害能力。

②轮作倒茬。实行水旱轮作，倒茬种植，消灭麦蜘蛛。避免麦田连作，减轻麦圆蜘蛛的为害。

③田间管理。适时灌溉，及时除草，浇麦灌水时，振动麦叶使麦圆蜘蛛降落地面，并搅动入水口处，流水夹带泥浆，使麦圆蜘蛛沾泥而死。合理进行灌溉，可破坏其适生环境，减轻危害。

(2)化学防治

在叶螨危害关键期，杀卵：13%阿维·螺螨酯水乳剂、50%四螨嗪悬浮液、24%螺螨酯悬浮剂、11%乙螨唑悬浮剂；杀螨：57%炔螨特乳油、20%三唑锡悬浮剂、3%阿维菌素水剂；卵螨兼杀：13%阿维·螺螨酯水乳、5%唑螨酯悬浮剂、20%四螨·三唑锡悬浮剂、10%阿维·哒螨灵水乳剂、25%联苯肼脂·乙螨唑悬浮剂、40%哒螨灵悬浮剂、10%联苯菊酯乳油。根据为害严重程度，选择 2 种以上药剂交替使用，每隔 10 天喷 1 次，连续 2～3 次，防治效果较好。

6.2.3 小麦吸浆虫

6.2.3.1 分布与危害

小麦吸浆虫分布广泛，主要有麦红吸浆虫、麦黄吸浆虫，以幼虫钻入小麦穗部颖壳内吸食麦粒浆汁，造成干瘪、空壳、千粒重下降，导致小麦减产。因为吸浆虫的隐蔽性强、难防治，如果防治不及时，普遍可使小麦减产 10%～30% ，严重时达 80%以上，甚至绝收。

6.2.3.2 形态特征

(1)麦红吸浆虫

成虫为橘红色的小蚊子,密被细毛。前翅薄而透明,并带紫色闪光,翅脉有4条。后翅退化成平衡棒。雌虫第9节细长,形成伪产卵管。雄虫体稍小,腹部末端略向上弯曲,有交尾器。幼虫呈蛆状,橙黄色。头小,无足。前胸腹面有1个"Y"形剑骨片,腹末有2对尖形突起。

(2)麦黄吸浆虫

成虫为鲜黄色,雌虫的伪产卵器极长,伸出时约与腹部等长,末端呈针状。幼虫为鲜黄色。前胸腹面"Y"形剑骨片中间呈弧形凹陷。腹部末端有圆形突起1对,在其两侧着生毛突1对。

6.2.3.3 发生规律

两种吸浆虫基本上都是1年发生1代,以成长幼虫在土中结茧越夏和越冬,翌年春季小麦拔节期前后,有足够的雨水时越冬幼虫开始移向土表,小麦孕穗期,幼虫逐渐化蛹,小麦抽穗期成虫盛发,并产卵于麦穗上。

6.2.3.4 防治措施

(1)农业措施

① 种植抗虫、耐虫品种。

② 调整作物布局,与油菜、马铃薯、豆类、棉花等非寄主作物轮作。

③ 实行连片深翻,合理减少春灌,以防止吸浆虫破茧数上升。

(2)化学防治

① 在小麦孕穗期(中蛹盛期),吸浆虫蛹在地表不吃不

动,用5%毒死蜱颗粒剂0.5~0.75 kg,拌细土11 kg配成毒土,沿着麦垄均匀地撒在麦田地表,撒毒土后及时浇水可提高药效。撒毒土应在上午10:00以后麦田没有露水的时候进行,并利用扫帚、树枝等尽快弹落黏附在麦叶上的毒土。

② 一般在5月上旬小麦抽穗扬花期(成虫盛发期),每亩用4.5%高效氯氰菊酯乳油50 mL或40%毒死蜱乳油50 mL兑水30 kg,在上午7:00—10:00,或下午4:00—7:00喷洒。虫害发生严重的,隔3天再喷1次,喷药时应使小麦整株着药,也可兼治蚜虫等害虫。

6.2.4 小麦叶蜂

6.2.4.1 分布与危害

小麦叶蜂属膜翅目、叶蜂科,在我国主要分布在华北、华东、东北、甘肃、安徽、江苏等地。小麦叶蜂主要为害小麦、大麦以及看麦娘等禾本科杂草。麦叶蜂以幼虫咬食麦叶,从叶的边缘向内咬食成缺刻,或全部吃光仅留主脉。严重发生年份,麦株可被吃成光秆,仅剩麦穗,使麦粒灌浆不足,影响产量。

6.2.4.2 形态特征

卵:呈肾形,淡绿色,表面光滑。长约1.5 mm,宽0.5 mm。

幼虫:老熟幼虫体长20 mm左右。头部褐黄色,有网状花纹及黄褐色小斑点;每侧有一大型圆黑色眼斑,侧眼生于其中;触角锥状,5节;唇基两侧褐色,上唇淡褐色,两侧不对称,右侧较大。体圆筒形,灰绿色,体背色深,背中有一明显绿纵线；自气门上侧至腹面淡黄色。体多皱褶，胸部每节具4小节、腹部每节具6小节，气门生于前胸及1～8腹节；腹部末节背褐色，基部黑色，小外侧有2黑色斑，爪淡黄褐色；腹足8对与体同色；基部有一暗色横斑，生于第2～8节及10节腹节上。

蛹：长约9 mm，裸蛹。颜色由初化蛹时的淡黄绿色至将羽化时变成黑色。胸部背面锈黄色部分与成虫相同。头、胸部粗大，顶端圆，腹部细小，末端分叉。

成虫：雌成虫体长约8.6～9.8 mm，雄蜂8.0～8.8 mm。除胸部背面部分锈黄色外，余均黑色，腹背闪蓝色光。头部黑色，粗糙有网状纹及刻点；复眼突出，触角线状9节，第3节最长，以后各节逐短，雄虫触角稍短约与腹部等长。前胸背板、中胸前盾片前叶、两侧叶及翅基片锈黄色，小盾片黑色。翅几呈透明，前翅微显淡褐色，后翅无色，翅痣及翅脉黑褐色；后翅无色，足黑色。

6.2.4.3 发生规律

1年发生1代，以蛹在土中20～25 cm深处越冬。第2年3月下旬开始羽化，在麦田内交尾产卵。成虫用锯状产卵器将卵产在叶片主脉旁边的组织内。1次1粒，成串产下。成虫寿命3～7天，卵期10天。幼虫共5龄，1～2龄白天为害叶片，3龄后白天隐蔽，黄昏后上升为害。到5月上、中旬老熟幼虫入土作茧休眠至10月中旬再蜕1次皮化蛹越冬。

成虫飞翔力不强。幼虫1～2龄白天为害叶片，3龄后怕光，白天隐蔽在麦株下部或土块下，夜晚出来为害，进入4龄后，食量剧增。幼虫从叶边向内咬成缺刻，严重时可把全叶吃光。幼虫有假死性，遇振动即落地。

6.2.4.4 防治措施

(1)农业防治

分别在播种前和麦收后深耕整地，破坏其越冬土茧或消灭在土层滞育夏眠的幼虫。

(3)物理防治

利用幼虫的假死性进行人工捕捉。

(3)化学防治

在幼虫3龄前施药防治，可喷施溴氰菊酯、氯氰菊酯、阿维·高氯等杀虫剂药液。

6.2.5 蓟马

6.2.5.1 分布与危害

蓟马以锉吸式口器锉破麦叶表皮，吸取汁液。受害麦叶出现很多小白点。严重时，叶尖卷曲，叶片干枯。受害小穗的护颖和外颖变色、皱缩、枯萎，出现黑褐色斑点，麦粒空秕。

6.2.5.2 形态特征

(1)小麦管蓟马

成虫为黑褐色，细长，体长1～2 mm。头部近长方形，中胸与后胸愈合，前胸能转动。翅2对，狭长，翅缘有缨毛。前翅无色，近基部较暗，无脉纹。腹部末端延长成尾管，后端较狭，生有较长的刺毛。

(2)花蓟马

雌成虫体为褐色，略带紫色。触角有8节，较粗壮，褐色。翅2对，狭长，前翅较宽短，前脉鬃20～21根，后脉鬃14～16根。第8腹节背面后缘梳完整。雌虫腹部末端呈圆锥形,生有锯状产卵器。雄虫体较小,浅黄色。2龄若虫体长约1 mm,黄灰色;复眼为红色,触角有7节。

(3)禾蓟马

雌成虫为灰褐色至黑褐色,中后胸带黄褐色。触角有8节,较瘦细。翅2对,狭长。前翅为灰白色,脉鬃连续,前脉鬃19～22根,后脉鬃14～17根。第8腹节背面后缘梳不完整。雌虫腹部末端呈圆锥形,生有锯状产卵器。雄虫为黄色,小于雌虫。

6.2.5.3 发生规律

1年发生1代,以若虫在麦茬、麦根及晒场地下10 cm左右处越冬,日平均温度8 ℃时开始活动,约5月中旬进入化蛹盛期,5月中下旬开始羽化成虫,6月上旬为羽化盛期,羽化后大批成虫飞至麦株,在上部叶片内侧、叶耳、叶舌处吸食液汁,逐渐从旗叶叶鞘顶部或叶鞘裂缝处侵入尚未抽出的麦穗,破坏花器,一旗叶内有时可群集数十至数百头成虫,当穗头抽出后,成虫又飞至未抽出及半抽出的麦穗内,成虫为害及产卵时间仅2～3天。成虫羽化后7～15天开始产卵,多为不规则的卵块,被胶质黏固,卵块的部位较固定,多产在麦穗上的小穗基部和护颖的内侧。每小穗一般有卵4～55粒。卵期6～8天,幼虫在6月上中旬小麦灌浆期,为害盛。7月上中旬陆续离开麦穗停止为害。

6.2.5.4 防治措施

(1)农业防治

①实行合理的轮作倒茬,减少麦田套种玉米。

②适时早播或种植早熟品种。

③小麦收获后及时进行深耕,清除杂草。

(2)化学防治

适期喷药防治,有效药剂有吡虫啉、溴虫腈、吡·唑、阿维·啶虫、敌百虫、马拉硫磷等。

6.2.6 金针虫

6.2.6.1 分布与危害

金针虫是地下害虫,分布广泛。幼虫长期生活在土壤中,主要为害禾谷类、薯类、豆类、甜菜、棉花及各种蔬菜和林木幼苗等。幼虫会为害小麦的种子胚乳,并在幼芽小麦出苗后咬断刚出土的幼苗,取食须根及主根,使幼苗地上部分枯死,造成地块缺苗断垄。成虫到小麦苗生长中后期,会钻入较大棵的小麦苗根茎部撕咬根系并啃食小麦苗的叶片边缘或叶片中部叶肉,使麦株地上部分失去水肥供应,田间出现青枯、白穗,大面积虫害发生会造成粮食严重减产。

6.2.6.2 形态特征

(1)褐纹金针虫

卵:长约 0.6 mm,宽约 0.4 mm,椭圆形。初产时乳白略黄。孵化前呈长椭圆形,长宽约 3 mm×2 mm。

幼虫:老熟幼虫体长 25～30 mm,宽约 1.7 mm,细长圆筒形,茶褐色,有光泽。头扁平,梯形,上具纵沟,布小刻点;身体背面中央具细纵沟。自中胸至腹部第 8 节各节前缘两侧生有深褐色新月形斑纹。尾节扁平而长,尖端具 3 个小突起,中间的尖锐;尾节前缘亦有 2 个新月形斑,斑后有 4 条纵线;后半部有皱纹,并密生粗大而深刻点。

蛹:体长 9～12 mm,初蛹乳白色,后变黄色,羽化前棕黄色。前胸背板前缘两侧各斜竖 1 根尖刺。尾节末端具 1

根粗大臀棘,着生有斜伸的两对小刺。

成虫:体长8～10 mm,宽约2.7 mm。黑褐色,生有灰色短毛。头部凸形,黑色,布粗刻点,触角、足暗褐色,前胸黑色,但点刻较头部小。唇基分裂。触角第2、3节略成球形,第4节较第2、3节稍长,第4～10节锯齿状。前胸背板长明显大于宽,后角尖,向后突出。鞘翅狭长,自中部开始向端部逐渐缢尖,每侧具9行列刻点。

(2)沟金针虫

卵:乳白色,长约0.7 mm,宽约0.6 mm,椭圆形。

幼虫:老熟幼虫体长20～30 mm,宽约4 mm,金黄色,宽而扁平。体节宽大于长,从头部至第9腹节渐宽,胸背至第10腹节背面中央有1条细纵沟。尾节两侧缘隆起,具3对锯齿状突起,尾端分叉,并稍向上弯曲,各叉内侧均有1小齿。

蛹:纺锤形,长15～20 mm,宽约3.5～4.5 mm;前胸背板隆起呈半圆形,尾端自中间裂开,有刺状突起。化蛹初期体淡绿色,后渐变深色。

成虫:雌虫体长16～17 mm ,宽4～5 mm;雄虫长14～18 mm,宽3.5 mm。身体栗褐色,密被细毛。雌虫触角11节,略呈锯齿状,长约前胸的2倍;前胸发达,中央有微细纵沟;鞘翅长为前胸的4倍,其上纵沟不明显,后翅退化。雄虫体细长,触角12节,丝状,长达鞘翅末端;鞘翅长约前胸的5倍,其上纵沟明显,有后翅。

(3)细胸金针虫

卵:乳白色,圆形,直径约0.5～1.0 mm。

幼虫:老熟幼虫体长约23 mm,宽约1.3 mm,体细长圆筒形，淡黄色有光泽。尾节圆锥形，背面近前缘两侧各有褐色圆斑1个，并有4条褐色纵纹。

蛹：纺锤形，长8～9 mm。化蛹初期体乳白色，后变黄色；羽化前复眼黑色，口器淡褐色，翅芽灰黑色。

成虫：体长8～9 mm，宽约2.5 mm。体细长，暗褐色，略具光泽。触角红褐色，第2节球形。前胸背板略呈圆形，长大于宽，后缘角伸向后方。鞘翅长约为胸部的2倍，上有9条纵列的刻点。足红褐色。

6.2.6.3 发生规律

3年左右完成1代，第1年、第2年以幼虫越冬，第3年以成虫越冬。受土壤水分、食料等环境条件的影响，田间幼虫发育很不整齐，每年成虫羽化率不相同，世代重叠严重。老熟幼虫从8月上旬至9月上旬先后化蛹，化蛹深度以13～20 cm土中最多，蛹期16～20天，成虫于9月上中旬羽化。越冬成虫在2月下旬出土活动，3月中旬至4月中旬为盛期。成虫于4月下旬开始死亡。卵于5月上旬开始孵化，卵历期33～59天，平均42天。初孵幼虫体长约2 mm，在食料充足的条件下，当年体长可达15 mm以上；到第3年8月下旬，老熟幼虫多于16～20 cm深的土层内作土室化蛹，蛹历期12～20天，平均16天。9月中旬开始羽化，当年在原蛹室内越冬。

6.2.6.4 防治措施

(1)农业防治

① 虫害严重的地块实行水旱轮作或与双子叶作物轮作。

② 播前实行深翻，休闲地伏耕。

③ 清洁田园，及时除草，减少金针虫的早期食料。

④ 施用充分腐熟的粪肥，施入后要覆土，不能暴露在土表。

⑤ 适时灌水，淹死上移害虫或迫使其下潜。

（2）物理防治

在成虫出土期用黑光灯诱杀沟叩头甲，堆草诱杀细胸叩头甲。

（3）化学防治

① 毒土处理。在小麦播种前，每亩用48%地蛆灵乳油200 mL与细土10 kg混匀之后撒施，或者48%毒死蜱颗粒剂每亩2.5 kg，拌细土25 kg播前撒施耕地或顺垄条施。

② 药剂拌种。小麦播种前拌种，可以用600 g/L吡虫啉或者35%多克福等进行药剂拌种，药剂：水：种子比例为1：30：400。

③ 药液灌根。在金针虫发生盛期，针对危害较重的地块，使用50%辛硫磷或15%毒死蜱乳油1000倍液，对农作物进行灌根处理。可以在金针虫产卵之前进行大量灭杀，防治效果最佳。

6.3 小麦田杂草

6.3.1 小麦田杂草种类

6.3.1.1 灰绿藜

同3.3.1.15节。

6.3.1.2　稗草

同 3.3.1.16 节。

6.3.1.3　播娘蒿

播娘蒿是十字花科、播娘蒿属一年生草本植物，高 20～80 cm，有毛或无毛，毛为叉状毛，以下部茎生叶为多，向上渐少。茎直立，分枝多，常于下部成淡紫色。叶为 3 回羽状深裂，长 2～15 cm，末端裂片条形或长圆形，裂片长 2～10 mm，宽 0.8～2.0 mm，下部叶具柄，上部叶无柄。花序伞房状，果期伸长；萼片直立，早落，长圆条形，背面有分叉细柔毛；花瓣黄色，长圆状倒卵形，长 2.0～2.5 mm，或稍短于萼片，具爪；雄蕊 6 枚，比花瓣长三分之一。长角果圆筒状，长 2.5～3.0 cm，宽约 1 mm，无毛，稍内曲，与果梗不成 1 条直线，果瓣中脉明显；果梗长 1～2 cm。种子每室 1 行，种子形小，多数，长圆形，长约 1 mm，稍扁，淡红褐色，表面有细网纹。花期为 4—5 月。

6.3.1.4　扁蓄

同 3.3.1.13 节。

6.3.1.5　硬草

硬草为禾本科、硬草属一年生草本植物。秆簇生，高 5～15 cm，自基部分枝，膝曲上升。叶线状披针形，长 5～14 cm，宽 3～5 mm，扁平或对折，平滑或上面与边缘微粗糙。叶鞘平滑无毛，有脊，下部闭合，长于节间，顶生叶鞘长 4～11 cm。叶片或叶鞘带紫绿色。叶舌三角形，膜质，长 2.0～3.5 mm，顶有 3 叉，先端截平或具裂齿。

圆锥花序较密集而紧缩，坚硬而直立，长 8～12 cm，宽 1～3 cm。分枝孪生，常 1 长 1 短，前者可达 3 cm，后者仅具1～2个小穗，粗壮而平滑，直立或平展。小穗柄粗壮，侧生者长0.5～1.0 cm，顶生者长2.5 cm。小穗有2～7朵小花，长4.0～5.5 mm，草绿色或淡褐色。小穗轴节间粗壮，长1 cm。颖卵状长圆形，顶端钝或尖。第1颖长1.5 mm，具1脉。第2颖长2～3 mm，具3～5脉。外稃宽卵形，具脊，顶端钝，具5脉，边缘具狭窄的干膜质，基部平滑无毛。第1外稃长3 cm，内稃长2.0～2.5 mm，宽0.8 mm，脊微粗糙，顶端有缺口。花药长1 mm。颖果纺锤形，长约1.4 cm。种子繁殖，种子在土壤中的适宜出苗深度为0.12～2.40 cm，深度超过2.40 cm难以出苗。

6.3.1.6 苣荬菜

苣荬菜又名败酱草、小蓟、苦苣菜、取麻菜、曲曲芽，为桔梗目、菊科多年生草本植物。根垂直直伸，多少有根状茎。茎直立，高30～150 cm，有细条纹，上部或顶部有伞房状花序分枝，花序分枝与花序梗被稠密的头状具柄的腺毛。基生叶多数，与中下部茎叶全形倒披针形或长椭圆形，羽状或倒向羽状深裂、半裂或浅裂，全长6～24 cm，高1.5～6.0 cm，侧裂片2～5对，偏斜半椭圆形、椭圆形、卵形、偏斜卵形、偏斜三角形、半圆形或耳状，顶裂片稍大，长卵形、椭圆形或长卵状椭圆形；全部叶裂片边缘有小锯齿或无锯齿而有小尖头；上部茎叶及接花序分枝下部的叶披针形或线钻形，小或极小；全部叶基部渐窄成长或短翼柄，但中部以上茎叶无柄，基部圆耳状扩大半抱茎，顶端急尖、短渐尖或钝，两面光滑无毛。

头状花序在茎枝顶端排成伞房状花序。总苞钟状，长1～5 cm，宽0.8～1.0 cm，基部有稀疏或稍稠密的长或短绒毛。总苞片3层，外层披针形，长4～6 mm，宽1.0～1.5 mm，中内层披针形，长达1.5 cm，宽3 mm；全部总苞片顶端长渐尖，外面沿中脉有1行头状具柄的腺毛。舌状小花多数，黄色。瘦果稍压扁，长椭圆形，长3.7～4.0 mm，宽0.8～1.0 mm，每面有5条细肋，肋间有横皱纹。冠毛白色，长1.5 cm，柔软，彼此纠缠，基部连合成环。花果期1—9月。

6.3.1.7 涩荠

涩荠又名紫花芥、离蕊芥，十字花科、涩荠属一年生草本植物。植株高8～35 cm，有单毛和分叉状硬毛。茎多分枝，有棱角。叶矩圆形，长1.5～8.0 cm，宽5～18 mm，先端圆钝，基部楔形，边缘有波状齿；叶柄长3～5 mm，上部叶无柄。总状花序顶生；花梗极短；花粉红色或蓝紫色，直径5～6 mm。长角果细长，近4棱，长4～7 cm，宽1～2 mm，倾斜，直立或稍弯曲，有单毛和分叉毛，有短喙。种子1行，多数，椭圆形，淡褐色。

6.3.1.8 田旋花

同3.3.1.20节。

6.3.1.9 龙葵

同3.3.1.19节。

6.3.1.10 苘麻

同3.3.1.17节。

6.3.1.11 蒲公英

蒲公英是菊科、蒲公英属多年生草本植物。根略呈圆锥状，弯曲，长4～10 cm，表面棕褐色，皱缩，根头部有棕色或黄白色的毛茸。叶成倒卵状披针形、倒披针形或长圆状披针形，长4～20 cm，宽1～5 cm，先端钝或急尖，边缘有时具波状齿或羽状深裂，有时倒向羽状深裂或大头羽状深裂，顶端裂片较大，三角形或三角状戟形，全缘或具齿，每侧裂片3～5片，裂片三角形或三角状披针形，通常具齿，平展或倒向，裂片间常夹生小齿，基部渐狭成叶柄，叶柄及主脉常带红紫色，疏被蛛丝状白色柔毛或几无毛。

花葶1至数个，与叶等长或稍长，高10～25 cm，上部紫红色，密被蛛丝状白色长柔毛；头状花序直径约30～40 mm；总苞钟状，长12～14 mm，淡绿色；总苞片2～3层，外层总苞片卵状披针形或披针形，长8～10 mm，宽1～2 mm，边缘宽膜质，基部淡绿色，上部紫红色，先端增厚或具小到中等的角状突起；内层总苞片线状披针形，长10～16 mm，宽2～3 mm，先端紫红色，具小角状突起；舌状花黄色，舌片长约8 mm，宽约1.5 mm，边缘花舌片背面具紫红色条纹，花药和柱头暗绿色。

瘦果倒卵状披针形，暗褐色，长约4～5 mm，宽约1.0～1.5 mm，上部具小刺，下部具成行排列的小瘤，顶端逐渐收缩为长约1 mm的圆锥至圆柱形喙基，喙长6～10 mm，纤细；冠毛白色，长约6 mm。花期4—9月，果期5—10月。

6.3.1.12 反枝苋

同3.3.1.18节。

6.3.1.13 芦苇

芦苇是禾本科、芦苇属多年生植物。根状茎十分发达。秆直立，高1～8 m，直径1～4 cm，具20多节，基部和上部的节间较短，最长节间位于下部第4～6节，长20～40 cm，节下被蜡粉。

叶鞘下部者短于上部，长于其节间；叶舌边缘密生一圈长约 1 mm 的短纤毛，两侧缘毛长 3～5 mm，易脱落；叶片披针状线形，长 30 cm，宽 2 cm，无毛，顶端长渐尖成丝形。

圆锥花序大型，长 20～40 cm，宽约 10 cm，分枝多数，长 5～20 cm，着生稠密下垂的小穗；小穗柄长 2～4 mm，无毛；小穗长约 12 mm，含 4 花；颖具 3 脉，第一颖长 4 mm；第二颖长约 7 mm；第一不孕外稃雄性，长约 12 mm，第二外稃长 11 mm，具 3 脉，顶端长渐尖，基盘延长，两侧密生等长于外稃的丝状柔毛，与无毛的小穗轴相连接处具明显关节，成熟后易自关节上脱落；内稃长约 3 mm，两脊粗糙；雄蕊 3 个，花药长 1.5～2.0 mm，黄色；颖果长约 1.5 mm。

6.3.1.14 节节草

节节草又名土木贼、锁眉草、画眉草，为木贼科，木贼属蕨类植物，多年生草本。根茎细长，入土深，黑褐色。茎细弱，绿色，基部多分枝，上部少分支或部分分枝，粗糙具条棱，叶鳞片状，轮生，基部联合成鞘状。孢子囊长圆形，有小尖头；孢子叶 6 角形，中央凹入。以根茎或孢子繁殖，根茎早期 3 月发芽；孢子粉末灰绿色。显微镜下可见茎表皮碎片较多，近无色或淡黄色。

6.3.1.15 野西瓜苗

同 3.3.1.22 节。

6.3.1.16 野燕麦

野燕麦是禾本科、燕麦属一年生草本植物。须根较坚韧。秆直立，光滑无毛，高 60～120 cm，具 2～4 节。叶鞘松弛，光滑或基部被微毛；叶舌透明膜质，长 1～5 mm；叶片扁平，长 10～30 cm，宽 4～12 mm，微粗糙，或上面和边缘疏生柔毛。

圆锥花序开展，金字塔形，长 10～25 cm，分枝具棱角，粗糙；小穗长 18～25 mm，含 2～3 小花，其柄弯曲下垂，顶端膨胀；小穗轴密生淡棕色或白色硬毛，其节脆硬易断落，第一节间长约 3 mm；颖草质，几等长，通常具 9 脉；外稃质地坚硬，第一外稃长 15～20 mm，背面中部以下具淡棕色或白色硬毛，芒自稃体中部稍下处伸出，长 2～4 cm，膝曲，芒柱棕色，扭转。颖果被淡棕色柔毛，腹面具纵沟，长 6～8 mm。花果期 4—9 月。

6.3.1.17 狗尾草

狗尾草是禾本科、狗尾草属一年生植物。根为须状，高大植株具支持根。秆直立或基部膝曲，高 10～100 cm，基部径达 3～7 mm。叶鞘松弛，无毛或疏具柔毛或疣毛，边缘具较长的密绵毛状纤毛；叶舌极短，缘有长 1～2 mm 的纤毛；叶片扁平，长三角状狭披针形或线状披针形，先端长渐尖或渐尖，基部钝圆形，几呈截状或渐窄，长 4～30 cm，宽 2～18 mm，通常无毛或疏被疣毛，边缘粗糙。

圆锥花序紧密呈圆柱状或基部稍疏离，直立或稍弯垂，主轴被较长柔毛，长 2～15 cm，宽 4～13 mm（除刚毛外），刚毛长 4～12 mm，粗糙或微粗糙，直或稍扭曲，通常绿色或褐黄到紫红或紫色；小穗 2～5 个簇生于主轴上或更多的小穗着生在短小枝上，椭圆形，先端钝，长 2.0～2.5 mm，铅绿色；第一颖卵形、宽卵形，长约为小穗的 1/3，先端钝或稍尖，具 3 脉；第二颖几与小穗等长，椭圆形，具 5～7 脉；第一外稃与小穗等长，具 5～7 脉，先端钝，其内稃短小狭窄；第二外稃椭圆形，顶端钝，具细点状皱纹，边缘内卷，狭窄；

鳞被楔形，顶端微凹；花柱基分离；叶上下表皮脉间均为微波纹或无波纹的、壁较薄的长细胞。颖果灰白色。花果期5—10月。

6.3.1.18 雀麦

雀麦是一年生禾本科草本植物。茎秆直立，高30～100 cm。叶鞘紧密贴生于秆，外被柔毛；叶舌长1.5～2.0 mm，先端有不规则的裂齿；叶片长5～70 cm，宽2～8 mm，两面被毛或背面无毛。圆锥花序开展，下垂，长达30 cm，每节有3～7分枝；小穗幼时圆筒状，成熟后压扁，长17～34 mm(包括芒)，有7～14朵花；颖披针形，边缘膜质，第1颖长5～6 mm，有3～5脉，第2颖长7～9 mm，有7～9脉；外稃卵圆形，边缘膜质，有7～9脉，先端微2裂，其下约2 mm，处生芒，芒长5～10 mm，第1外稃长8～11 mm；内稃短于外稃，脊上疏具刺毛；雄蕊3个，子房先端有毛。颖果线状长圆形，压扁，腹面具沟槽，成熟后紧贴于内外稃。花、果期4—6月。

6.3.1.19 苦马豆

苦马豆为豆科多年生草本植物，高20～60 cm。茎直立，具开展的分枝，全株被灰白色短伏毛。单数羽状复叶，两面均被短柔毛。奇数羽状复叶；托叶披针形，小叶13～19片，倒卵状长圆形或椭圆形，长7～15 mm，基部近圆形或近楔形，先端钝而微凹，有时具1小刺尖，两面均被贴生的短毛，有时表面毛较少或近无毛。

总状花序腋生，花冠红色比叶长；荚果宽卵形或矩圆形，膜质，膀胱状。种子肾形，褐色，苞披针形，长约1 mm；萼钟状、5齿裂，花冠红色，长12～13 mm，旗瓣开展，两侧向外反卷，瓣片近圆形，长约 10 mm，宽约 13 mm，顶端微凹，基部具短爪，翼瓣比旗瓣稍短，与龙骨瓣近等长；子房有柄，线状长圆形，密被毛，花柱稍弯，内侧具纵列须毛。荚果卵圆形或长圆形，膨大成囊状，1 室。种子小，多数，肾形，褐色。花期 6—7 月，果期 7—8 月。

6.3.1.20 地肤

地肤别名地麦、落帚、扫帚苗、扫帚菜、孔雀松，为藜科、地肤属一年生草本植物，高 50～100 cm。根略呈纺锤形。茎直立，圆柱状，淡绿色或带紫红色，有多数条棱，稍有短柔毛或下部几无毛；分枝稀疏，斜上。叶为平面叶，披针形或条状披针形，长 2～5 cm，宽 3～9 mm，无毛或稍有毛，先端短渐尖，基部渐变细，呈短柄状，通常有 3 条明显的主脉，边缘有疏生的锈色绢状缘毛；茎上部叶较小，无柄，1 脉。

花两性或雌性，通常 1～3 个生于上部叶腋，构成疏穗状圆锥状花序，花下有时有锈色长柔毛；花被近球形，淡绿色，花被裂片近三角形，无毛或先端稍有毛；翅端附属物三角形至倒卵形，有时近扇形，膜质，脉不很明显，边缘微波状或具缺刻；花丝丝状，花药淡黄色；柱头 2 个，丝状，紫褐色，花柱极短。

胞果扁球形，果皮膜质，与种子离生。种子卵形，黑褐色，长 1.5～2.0 mm，稍有光泽；胚环形，胚乳块状。花期 6—9 月，果期 7—10 月。

6.3.1.21 酸模叶蓼

酸模叶蓼是蓼科、蓼属一年生草本植物，植株高 40～90 cm。茎直立，具分枝，无毛，节部膨大。叶披针形或宽披针形，长 5～15 cm，宽 1～3 cm，顶端渐尖或急尖，基部楔形，上面绿色，常有一个大的黑褐色新月形斑点，两面沿中脉被短硬伏毛，全缘，边缘具粗缘毛；叶柄短，具短硬伏毛；托叶鞘筒状，长 1.5～3.0 cm，膜质，淡褐色，无毛，具多数脉，顶端截形，无缘毛，稀具短缘毛。

总状花序呈穗状，顶生或腋生，近直立，花紧密，通常由数个花穗再组成圆锥状，花序梗被腺体；苞片漏斗状，边缘具稀疏短缘毛；花被淡红色或白色，4～5 深裂，花被片椭圆形，外面两面较大，脉粗壮，顶端叉分，外弯；雄蕊通常 6 个。

瘦果宽卵形，双凹，长 2～3 mm，黑褐色，有光泽，包于宿存花被内。花期 6—8 月，果期 7—9 月。

6.3.1.22 藜

藜为藜科、藜属植物。一年生草本，高 30～150 cm。茎直立，粗壮，具条棱及绿色或紫红色色条，多分枝；枝条斜升或开展。叶片菱状卵形至宽披针形，长 3～6 cm，宽 2.5～5.0 cm，先端急尖或微钝，基部楔形至宽楔形，上面通常无粉，有时嫩叶的上面有紫红色粉，下面多少有粉，边缘具不整齐锯齿；叶柄与叶片近等长，或为叶片长度的 1/2。花两性，花簇于枝上部排列成或大或小的穗状圆锥状或圆锥状花序；花被裂片 5 个，宽卵形至椭圆形，背面具纵隆脊，有粉，先端或微凹，边缘膜质；雄蕊 5 个，花药伸出花被，柱头 2 个。果皮与种子贴生。种子横生，双凸镜状，直径 1.2～1.5 mm，边缘钝，黑色，有光泽，表面具浅沟；胚环形。花果期 5—10 月。

6.3.1.23 小藜

同 3.3.1.12 节。

6.3.1.24 碱蓬

碱蓬是藜科、碱蓬属一年生草本植物。植株高可达1 m。茎直立,粗壮,圆柱状,浅绿色,有条棱,上部多分枝;枝细长,上升或斜伸。叶丝状条形,半圆柱状,通常长1.5～5.0 cm,宽约1.5 mm,灰绿色,光滑无毛,稍向上弯曲,先端微尖,基部稍收缩。

花两性兼有雌性,单生或2～5朵团集,大多着生于叶的近基部处;两性花花被杯状,长1.0～1.5 mm,黄绿色;雌花花被近球形,直径约0.7 mm,较肥厚,灰绿色;花被裂片卵状三角形,先端钝,果实时增厚,使花被略呈五角星状,干后变黑色;雄蕊5个,花药宽卵形至矩圆形,长约0.9 mm;柱头2个,黑褐色,稍外弯。胞果包在花被内,果皮膜质。种子横生或斜生,双凸镜形,黑色,直径约2 mm,周边钝或锐,表面具清晰的颗粒状点纹,稍有光泽;胚乳很少。花果期7—9月。

6.3.1.25 马齿苋

同3.3.1.14节。

6.3.1.26 蒙山莴苣

蒙山莴苣是菊科多年生草本植物。其高10～70 cm,具长根状茎。根圆锥形,棕褐色。茎直立,单生或数个丛生,具纵棱,不分枝或上部分枝。春季只具基生叶,初夏抽出花葶并开花。基生叶与茎下部叶灰绿色,稍肉质,长椭圆形、矩圆形或披针形,基部渐狭成具翅的短叶柄,柄基半抱茎;叶片具不规则的羽状或倒羽状浅裂或深裂,侧裂片三角形,边缘具细小的刺齿,茎中部叶少分裂或全缘,茎上部叶较小,披针形或条状披针形,无柄,有时全缘。茎顶为展开的圆锥花序，上生多数头状花序，梗不等长；总苞片 3 层，带紫红色，边缘狭膜质，花全为舌状，两性，紫色或淡紫色。瘦果长椭圆形，长约 5 mm，灰色或黑色，不压扁或稍压扁，具 5～7 条纵肋，并有 1 mm 长的短喙，冠毛单毛状，白色。

6.3.1.27 苦苣菜

同 3.3.1.10 节。

6.3.1.28 小蓟

小蓟又名刺儿菜，为菊科、蓟属多年生草本植物，高 25～50 cm，具匍匐根茎。茎直立，有纵槽，幼茎被白色蛛丝状毛。叶互生，椭圆形或长椭圆状披针形，长 7～10 cm，宽 1.5～2.5 cm，先端钝，边缘齿裂，有不等长的针刺，两面均被蛛丝状绵毛。头状花序顶生，雌雄异株；总苞钟状，总苞片 5～6 层，雄花序总苞长 1.8 cm，雌花序总苞长约 2.3 cm；花管状，淡紫色，雄花花冠长 1.7～2.0 cm，雌花冠长约 2.6 cm。瘦果椭圆形或长卵形，具纵棱，冠毛羽状。花期 5—6 月，果期 5—7 月。

6.3.1.29 大蓟

同 3.3.1.11 节。

6.3.1.30 苍耳

同 3.3.1.21 节。

6.3.1.31 荠菜

荠菜又名护生草、地菜、地米菜、菱闸菜等，十字花科、荠菜属一或二年生草本植物。植株高 30～40 cm，主根瘦长，白色，直下，分枝。茎直立，单一或基部分枝。基生叶丛生，挨着地面，莲座状、叶羽状分裂，稀全缘，上部裂片三角形，不整齐，顶片特大，叶片有毛，叶耙有翼。茎生叶狭披针形或披针形，顶部成线形，基部成耳状抱茎，边缘有缺刻或锯齿，或近于全缘，叶两面生有单一或分枝的细柔毛，边缘疏生白色长睫毛。

花多数，顶生成腋生成总状花序，开花时茎高20～50 cm，总状花序顶生和腋生。花小，白色，两性。萼4片，绿色，开展，卵形，基部平截，具白色边缘，十字花冠。短角果扁平。花瓣4片，倒卵形，有爪，白色，十字形开放，径约2.5 mm；雄蕊6个，其中4个较大，基部有绿色腺体；雌蕊1个，子房三角状卵形，花柱极短。短角果呈倒三角形，无毛，扁平，先端微凹，长6～8 mm，宽5～6 mm，具残存的花柱。种子约20～25粒，成2行排列，细小，倒卵形，长约0.8 mm。花期3—5月。

6.3.1.32 米瓦罐

米瓦罐别名麦瓶草，为石竹科、蝇子草属草本植物。幼苗上胚轴不发达。子叶长椭圆形，长6～8 mm，宽2～3 mm，先端尖锐，子叶柄极短，略抱茎。初生叶2片，匙形，全缘。成株全体有腺毛。茎直立，高15～60 cm，单生或叉状分枝，节部略膨大。叶对生，无柄，基部连合，茎生叶长圆形或披针形，长5～8 cm，宽5～10 mm，全缘，先端尖锐。花和籽实聚伞花序顶生或腋生，花少数，有梗。萼筒长2～3 cm，开花时呈筒状，果时下部膨大呈卵形，裂片5片，钻状披针形。花瓣5片，倒卵形，紫红或粉红色。雄蕊10枚。花柱3裂。蒴果卵圆形或圆锥形，有光泽，包于宿存的萼筒内，中部以上变细，先端6齿裂。种子肾形，螺卷状，长约1.5 mm，红褐色。

6.3.2 防治措施

麦田杂草防除应以安全为前提，高效为目的，根据田间草相，因地制宜，注重土壤封闭处理，春季化除，压低杂草数量，全面提高整体除草效果。

(1)农业措施

① 轮作倒茬。对于杂草密度高的田块，改种其他作物，再通过化除控制恶性杂草的密度。

② 休耕灭草。对于有条件的地区，有计划进行休耕灭草。

③ 加强田间管理。精耕细作，合理肥水，促进麦苗健壮生长，发挥以苗控草的效应。

(2)化学防治

① 冬前除草。冬前化除操作方便、成本低、效果好、安全性高，要大力推广应用。

② 土壤封闭处理。以禾本科杂草为主的小麦田，可于小麦播种后至三叶期，每亩用 50%异丙隆可湿性粉剂 125～150 g+10%苄嘧磺隆 20～30 g 或 50%苄嘧异丙可湿性粉剂 150 g 兑水 50 kg 均匀喷雾，可有效防除硬草、茼草等禾本科杂草以及猪秧秧等阔叶杂草。也可每亩用 47%异隆丙·氯吡可湿性粉剂 200 g 兑水 50 kg 进行土壤封闭处理。

③ 冬前除草。冬前以硬草、看麦娘等禾本科杂草为主的田块，掌握在杂草二叶期用药，每亩可选用 15%炔草酯可湿性粉剂 30 g、5%唑啉草酯炔草酯乳油 80～100 mL 或 6.9%精恶唑禾草灵 100～120 mL 兑水 30 kg 手动均匀喷

雾。以猪秧秧等阔叶杂草为主的田块，每亩用 15%双氟氯氟吡 80 mL 兑水 30 kg 手动均匀喷雾。也可每亩用 3%双氟唑草酮 50 mL 兑水喷雾防除。在麦苗四叶期，每亩可选用 20%氯氟吡氧乙酸 40～50 mL 兑水 30 kg 喷雾防除。荠菜较多的田块，每亩可用 36%唑草酮苯磺隆 7.5 g 兑水喷雾防除。

④ 春季除草。对于春季杂草达标的田块，要温度稳定在 5 ℃以上至小麦拔节前，抢晴好天气突击用药防除。

以硬草、商草等禾本科杂草为主的田块，每亩用 50%异丙隆 200 g+15%炔草酯可湿性粉剂 30～40 g 兑水 40～50 kg 手动均匀喷雾。以硬草、看麦娘为主的田块，每亩用 50%异丙隆 250～300 g 兑水喷雾防治。

以猪秧秧、荠菜等阔叶杂草为主的田块，每亩用 15%双氟氯氟吡悬乳剂 80～100 mL 兑水 30 kg 均匀喷雾；也可每亩用 20%氯氟吡氧乙酸 40 mL+20%二甲四氯 150 mL、36%唑草酮苯磺隆 7.5～10 g、20% 氯氟吡氧乙酸乳油 40 mL+5%双氟磺草胺悬浮剂 15 mL 或 3%双氟唑草酮 50 mL 兑水喷雾防除。

禾本科与阔叶杂草混生的田块，每亩可用 50%异丙隆 250～300 g、15%炔草酯 30～40 g+20%氯氟吡氧乙酸 30 mL+10%苯磺隆 10 g 兑水喷雾防除。也可用异丙隆或炔草酯+双氟氯氟吡混用防除单子叶和双子叶杂草。

选用 72% 2.4-D 丁酯乳油(内吸选择性)除草剂，每亩用量 60～70 mL，兑水 30～40 kg。春小麦 4～5 叶时叶面均匀喷雾。喷施时注意选择在无风的天气喷药，以防治药液飘移到临近敏感作物上发生药害。

除草时，要及时防除沟边、路边、渠边、田边的杂草。在春季，选用草甘膦或草铵膦等灭生性除草剂及时防除“四边”的杂草，以减少草籽流入大田的数量，压缩麦田杂草种子库数量。

参考文献

艾尼瓦尔·吐尔逊,哈米提·阿不都米吉提,2018. 新疆博州玉米种植技术及病虫害防治措施[J]. 农业工程技术,38(17):50-51.

陈海军,邹德堂,巩双印,等,2011. 玉米霜霉病的侵染途径及防治措施[J]. 黑龙江农业科学(01):68-69.

高远,2014. 玉米象(Sitophilus zeamais Motschulsky)试验种群生物学特性及生态学特征的研究[D]. 昆明:云南农业大学.

龚立佳,喜献珍,曾丽娜,等,2018. 浅谈新疆地区玉米种植技术与病虫害防治工作[J]. 中国农业文摘—农业工程,30(04):62-63.

缑国华,赵冬霞,焦国安,等,2020. 除草剂减量施用对玉米田杂草防效初探[J]. 农业科技通讯(06):65-66,71.

古力努尔·哈米提,2020. 新疆托里县玉米主要病虫害发生特点与防治措施[J]. 农业工程技术,40(02):38.

韩宝生,佟立辉,陈秀丽,2020. 玉米病虫害的发生特点及防治措施[J]. 现代农业科技(08):80-81.

黄天明,2007. 玉米霜霉病的侵染源与防治[J]. 广西植保(04):29-31.

李芳,2019. 玉米根线虫病的发生与防治[J]. 乡村科技(22):85-86.

李虎,马德英,马江锋,2016. 新疆双斑长跗萤叶甲发生概况及研究现状[J]. 新疆农业科技(05):35-36.

梁英华,王登齐,2013. 玉米种子仓储害虫玉米象的综合防治[J]. 现代化农业(11):6-7.

吕东红,2016. 新疆塔城地区玉米栽培新技术及病虫害防治[J]. 农业工程技术,36(05):38.

孟昭金,高静,陈平,等,2008. 亚洲玉米螟预测预报方法及综合防治[J]. 河北农业科学(05):39-40.

聂强,2009. 双斑萤叶甲生物学特性和防治策略的研究[D]. 大庆:黑龙江八一农垦大学.

帕丽旦·萨力,陈述晖,2020. 玉米栽培新技术及病虫害防治策略[J]. 农家参谋(12):44.

渠元春,2020. 玉米黑粉病的发生与防治[J]. 玉米科学(04):73-74.

石林花,2021. 新疆阿勒泰地区玉米田间管理技术与病虫害防治措施[J]. 农业工程技术,41(05):24-25.

王朝阳,吴晓静,马磊,2020. 新疆地区玉米种植技术与病虫害防治工作分析[J]. 农机使用与维修(05):107.

王继辉,2017. 新疆地区玉米种植技术与病虫害防治工作[J]. 农业与技术,37(22):114.

王振营,鲁新,何康来,等,2000. 我国研究亚洲玉米螟历史、现状与展望[J]. 沈阳农业大学学报(05):402-412.

吾木提·特留汗,2020. 新疆塔城地区玉米高产种植技术与病虫害防治措施[J]. 农业工程技术,40(20):64.

吴瑾,范颖博,2020. 金龟子类林木害虫的发生与防治[J]. 现代农村科技(09):38.

许国身,于遵忠,1991. 新疆亚洲玉米螟的防治[J]. 新疆农业科学(06):267-268.

杨红娟,2020. 新疆地区玉米栽培新技术及病虫害防治策略分析[J]. 农业开发与装备(09):157-158.

张聪,2012. 玉米田双斑长跗萤叶甲发生规律及生物学特性研究[D]. 北京:中国农业科学院.

张倩,2018. 玉米常见虫害的防治方法[J]. 农民致富之友(22):46.

张帅,2020. 我国主要农作物田杂草防控技术[J]. 杂草学报,38(02):50-55.